在岁月的那一边：发现建筑

良卷文化　著

U0196820

北京大学出版社

PEKING UNIVERSITY PRESS

在岁月的那一边，发现建筑

人类文明自有记载以来，便少不了建筑的存在。古人为躲避严寒酷暑结庐而居，随着文明的进步与技术的发展，建筑也在悄然发生着变化，人们不断地打磨它们的外形，浇筑它们的灵魂，赋予它们不可替代的使命，将它们作为时代的印记，铭刻在时间的一端。

数千年的光阴渐行渐远，曾经的修建者们早已风化泯灭，然而建筑却依然肩负着最初的使命存活了下来，哪怕埋没荒野蔓草间，哪怕断壁残垣。走近这些建筑，就仿佛在阅读一本世界史诗。史诗中记载着古埃及的神秘，记载着玛雅人的辉煌，记载着沙贾汗的痴情，记载着拿破仑的雄心……一座座建筑仿佛一条条跨越时空的通道，让我们能够溯源而上，触摸往昔。

是的，每座经典的建筑都是过往时间的凝固；当我们品味这些建筑，讲述她们的故事时，我们其实就走向了时间和岁月的那一边……

于是就有了这本《在岁月的那一边：发现建筑》。本书精选了全世界30处修建于上古世纪和中世纪的建筑，与其说是在介绍30处值得游览的建筑，不如说是在品读30段滋味各异的过往岁月。本书用细腻感性的笔触，展现建筑的特色，讲述建筑的故事，探寻建筑潜藏的秘密。读者除了能够更加深入地了解建筑之美以外，还能体会到埋藏在建筑一砖一瓦间的无法被时光磨灭的信仰与精神。

本书秉承美文美图的理念，除了文笔优美之外，每一幅图片都经过精挑细选，阅读本书便是在品尝一场视觉的饕餮盛宴。读完本书，就仿佛刚从一个持续了千万年的梦中醒来。

目 录 Contents

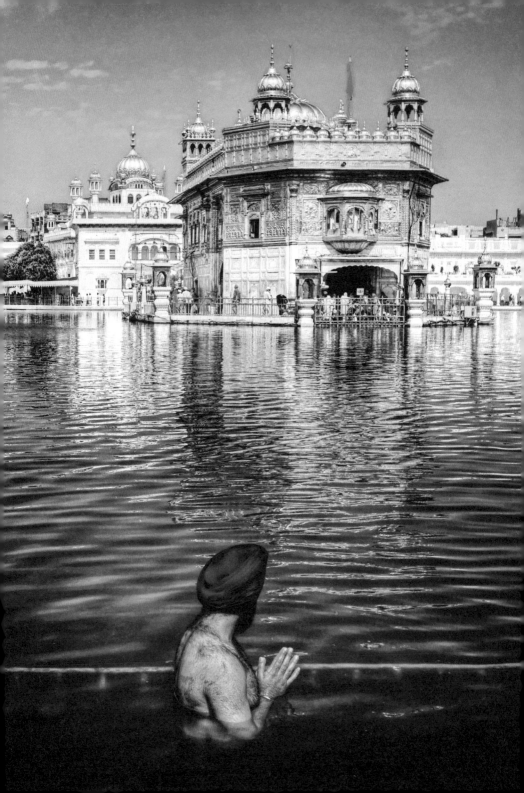

『 泰姬陵 』

时光脸颊上，闪耀着一滴爱的眼泪

世界上只有两种人，一种是去过泰姬陵的，一种是没去过的。这句话到底是谁说的现今已然无法考证，但泰姬陵确实是印度的代名词。

"沙贾汗，你知道，生命和青春，财富和荣耀，都会随光阴流逝；只有这一颗爱的泪珠——泰姬陵，在岁月长河的流淌里，光彩夺目，永远，永远。"印度著名诗人泰戈尔曾如此写道。

1631年，一群大象在工人的驱使下开始拖运石料，从印度西北的拉贾斯坦邦送到当时莫卧儿王朝的首都阿格拉。国王沙贾汗的爱妻阿姬曼死前留下遗愿，希望陛下能为她建造一座世界上最美的陵墓。

故事始于沙贾汗的少年时代。15岁的沙贾汗在王宫中邂逅了总管的千金阿姬曼，一见钟情。5年后，正值青春年华的沙贾汗和阿姬曼喜结连理。在以后的岁月中，无论是戎马生涯，还是逃难中的颠沛流离，阿姬曼总是陪在沙贾汗身旁，不离不弃。登上王位后，沙贾汗将阿姬曼册封为"泰姬•玛哈"，意为"王宫里最美丽的女人"。然而，美好的爱情往往是短暂的。"1631年6月17日，王后娘娘分娩过后不久不幸辞世，举世同悲。"在史书上，阿姬曼的去世只有这一句话。王后逝世的噩耗，如附骨之疽一般缠着沙贾汗，他不吃不喝将自己关进宫殿，沉入悲伤与黑暗之中，一夕白头。

　　数月之后，沙贾汗决定完成爱妻临终前的遗愿，为她建造一座举世无双的陵墓。沙贾汗特意将陵墓的地址选在亚穆纳河南面下游，这里距离都城阿格拉王宫1.5公里。这样，沙贾汗就可以每日在王宫里眺望王后的陵墓了。在修建过程中，沙贾汗广邀天下能工巧匠：波斯的建筑师、土耳其的珠宝匠、法国的雕刻师、意大利的泥瓦工、中国的书法家……浩浩荡荡2万余人在工地上殚精竭虑，打磨精品。陵墓以王后喜爱的纯白大理石为主，搭配伊拉克的月长石、波斯的紫水晶、中国的翡翠、俄国的孔雀石、阿拉伯的珊瑚、阿富汗的青金石。22年之后的1653年，这座绝世的陵墓终于以惊人的姿态呈现在世人眼前，被赞誉为"用大理石打造的梦"……

　　沙贾汗用砖石和宝石为爱妻创作了这一华丽诗篇，刻下了阿姬曼·芭奴的名字和地位。然而，故事到此并没结束。1658年，沙贾汗和阿姬曼的儿子奥朗则布篡位，并将父亲沙贾汗囚禁在红堡的八角楼里。沙贾汗只能在八角楼里，每天遥望安葬着爱妻的泰姬陵，凭借回忆度日，直至8年后去世。沙贾汗死后，他的小女儿将他和阿姬曼合

　　穿着传统服装的印度女子在纯白大理石的地面上款款而行。夕阳西下，余晖将泰姬陵染成了醉人的红色。

　　远远望去，华美的泰姬陵宛如一位端庄美丽的女子，在河畔静静梳妆，无论从哪个角度看去，它都是那么令人惊叹。

葬在一起，让这对至死不渝的爱人终于不再分离。或许，正因为这个爱情故事太缠绵悱恻，于是人们才用这样一个句子来形容泰姬陵："那是光阴脸颊上的一颗泪珠……"

　　泰姬陵在人的视觉感官上有着神奇的设计，然而又超脱了传统意义上的建筑美学，升华到了心灵的层次上。站在陵园的大门外，透过门洞去看陵墓，越走近，便会发现泰姬陵越来越小，相反，当一步步后退时，又会发现陵墓越来越大了。沿着水道两旁的小径，慢慢走到陵墓前的水池边，陵墓的大圆顶倒映在水中，仿佛一位头戴王冠的贵妇脸庞。

泰姬陵的整座建筑群南北长583米，东西宽304米，呈长方形，四周被一圈红砂墙围绕。陵园内所有建筑都对称分布，花园、尖塔、陵墓，都从中轴线呈左右对称。花园紧邻着陵墓，是泰姬陵的心脏，十字形的小径将花园分成了四个部分，中线上是一条直达陵墓的清澈水道。中间则是喷泉，一排排的喷嘴喷出的水珠交叉错落、缤纷有致。倒影在水道中的泰姬陵宛如一位戴着王冠的少女，圣洁而宁静，阿姬曼的绝代风华，在这一刻依稀重现。水道两旁对称地种植着果树和柏树，象征着新生和死亡。

在水道的尽头，就是陵墓的主体，东西两侧各有一栋结构一样的建筑，一是清真寺，一是答辩厅。陵墓的基座是一块高7米、长宽各95米的正方形大理石。光滑如镜的大理石基座上，是高耸饱满的伊斯兰风格穹顶。工匠们将石头一一堆叠，用灰泥固定，一圈一圈地环绕而上，直至形成圆球。圆球没有任何支撑，看起来就像直接安放在大理石上一样。穹顶刻满《古兰经》经文；四座尖塔耸立在陵墓四角，每座都高达40米，内有50层阶

一位妇女在泰姬陵的长廊低头缓缓前行，只留下一个渐去渐远的背影。

前来游览泰姬陵的印度游客络绎不绝，泰姬陵是他们心中的圣地。

梯，专供人们拾级登高，朗诵祈福朝拜之用。整座陵墓看起来美丽而轻盈，仿若漂浮在亚穆纳河上。当诵经声响起，那位沉睡在陵墓里的王后，她绝世的容颜或许会在人们的脑海里浮现……

陵墓南边有一座高约30米的红砂石拱门，拱门上镌刻着《古兰经》上的铭文：让心地纯洁的人进入天国的花园。由此可见，沙贾汗希望自己深爱的阿姬曼能够进入天国。或许对于死去的泰姬而言，这座绝世的陵墓就是一个属于自己的天国。拱门顶端两侧各有一座造型别致的八角亭，两亭中间是两排洋溢着浓郁伊斯兰风格的圆顶建筑，总共是22个，这寓示着泰姬陵修建了22年。墙体上珍稀闪耀的宝石、龙飞凤舞的书法让整座拱门极尽华美飘逸。

和外部建筑的神性截然不同，陵墓内部的寝宫散发着一股可以让人迷失心智的魔力。寝宫内部为八角形陵壁，陵壁上用各色珠宝镶嵌成百合花、郁金香等美艳的花朵图样。整个陵壁上繁花似锦、千年不败，对当时的人来说，恐怕这里就是传说中的乐园吧。寝宫内部有五间宫室，中央的宫室里放置着阿姬曼和沙贾汗的大理石石棺，石棺之上也是遍布宝石和飞舞的浮雕。然而这两具石棺都是虚棺，真正安放遗体的地点是在空棺下层的地窖。

　　视野穿过拱门，沐浴着晚霞的泰姬陵犹如天上宫阙，散发着绯红的色泽，华美异常。

　　墓室中央有一方大理石碑，上面用波斯文刻着"封号宫中翘楚泰姬•玛哈之墓"。真正让人痛心不已的，却是沙贾汗刻在上面的那句悼词："噢，真主啊，请承担我们无法经受的痛苦吧！"

　　泰姬陵本身是淡淡的棕黄色，但在不同时间阳光的照射下，会呈现出不同的颜色。早上，朝阳方出之时，是金光灿烂的金色，到阳光炽烈的白日时，又是耀眼的白色，最后夕阳西下时，泰姬陵又从白色变为黄色，尔后慢慢转红，从粉红到深红、暗红，最后在夜幕下转为淡青色，又在莹莹月光下变成银白色，白色大理石映着淡淡的蓝色幽光。那种幽蓝的光芒，仿佛是沙贾汗对王后绝望的思念。

　　泰姬陵这座爱情丰碑吸引了全世界无数的情侣前来，甚至连戴安娜王妃都曾来拜访过，并为它背后的爱情故事感动得泪流满面。或许，戴安娜王妃当时也没想到，数年之后，她自己也会成为一段凄美爱情的主角，成为"凋落的英格兰玫瑰"，她的故事与阿姬曼一样被人们讲述着……

文/王锐　图/Boris

『 奇琴伊察古城 』

失落文明的最后赠礼

突然间他们就销声匿迹，在文明最为繁盛的时期，戛然而止，只留下一个个壮丽的遗迹。奇琴伊察，便是玛雅文明给世人的最后赠礼。

　　时光回到遥远的公元1200年的某一日，晴。早晨氤氲的雾气刚刚散去，太阳神已经迫不及待地将福祉散布在整个奇琴伊察。在库库尔干金字塔的巨大阴影里，刚刚做完早祀的人们已经开始朝着不远处的橡皮球场围拢过去，那里正在举行一场盛大的球赛。球场外身姿起伏交叠的观众们忘情地呼喊，两队队员激烈地争抢。急促的呼吸和心跳、飞溅的汗水和唾液，让这场比赛显得尤为火热，随着橡皮球被踢入石孔，比赛告一段落，接下来的一幕却让人目瞪口呆。只见脸色黯然的失败方队长将胜利方队长的头颅一刀斩下，放入事前早已准备好的托盘中，而祭司则开始诵读颂神的祷文……原来，这并不只是单纯的球赛，而是玛雅人神圣的祭祀。作为胜利队的一方，队长将被杀死用于祭祀——这在古代玛雅人看来，是无上的荣光！

　　然而，时光走过千年，古玛雅人只留给世界一个模糊的背影；在岁月的风沙中，奇琴伊察古城，则是远古玛雅文明投下的映像，无言屹立。或许，那种在今天看来有些血腥的祭祀，却正是古代玛雅人对信仰最虔诚和狂热的体现吧；或许，正是这种虔诚和狂热，才让古玛雅人修建了如此恢弘壮丽的城邦。无论是橡皮球场、库库尔干金字塔、天文观象台、献祭之井，还是奇琴伊察的其他建筑，都彰显出玛雅人在建筑上巧夺天工的水平以及对祭祀的狂热。

拂去历史的尘埃，我们能读到古玛雅人的过往。在公元前2000年，他们就开始了刀耕火种的生活。公元600～900年，玛雅人达到了最鼎盛的时期，当时的领地覆盖了今天墨西哥南部的塔巴斯科、坎佩切、尤卡坦等州和危地马拉、洪都拉斯、伯利兹的外围地区，总面积超过了31万平方公里，如今被人们称为"玛雅之路。"

位于尤卡坦半岛的奇琴伊察曾是古玛雅帝国最大最繁华的城邦，始建于公元514年，"奇琴"意为"井口"，"伊察"则是当时玛雅王的名字，合起来的含义是"伊察王的井口"，这个名

　　一千多年的时光中，天空依旧湛蓝，草地依旧碧绿，然而曾创造了辉煌历法的天文台却在岁月中渐渐模糊了身形。

献祭之井水波青绿，藤蔓茂盛。在这里你依然能够感受到当年的肃
穆气氛。

字相当贴切，因为奇琴伊察就是建立在三口水井上的城邦。公元
967年，墨西哥的游牧民族托尔特克人征服了奇琴伊察，在以后
的岁月中，托尔特克人和玛雅人混居在一起，他们扩建了城邦，
使奇琴伊察成为了当时最繁华的文化艺术中心。一直到13世纪中
期，大规模的内战才让奇琴伊察逐渐消亡。

　　虽然玛雅早已灭亡，但其神秘的气息却依然交织在奇琴伊
察的空气里。这个仿佛一夜之间踏破时空而去的古老民族，人们
唯有从这些在光阴荏苒中静默千年的古老建筑里才能搜寻到他们
曾经存在的印记。奇琴伊察以中轴线分为南北两半，南侧是老
城，建于公元7～10世纪，极富玛雅文化的特点；北侧是新城，
建筑以青灰色为主，是托尔特克文化的遗产。曾让奇琴伊察兴起
繁盛的三口水井，其中两口至今仍在，分别位于中轴线的两侧。
一口是饮水井，为城中居民提供水源。另一口则是"圣井"，又
名"献祭之井"，离古城中心不远，是个石灰岩形成的天然井，
用来祭祀雨神恰克，祈祷风调雨顺。每年春季的献祭仪式上，国
王都会把一名14岁的美丽少女和大量的黄金玉器投入这口能通往
"雨神宫殿"的圣井中。如果这名少女直到中午都依然侥幸活着
的话，那么上面的人就会垂下一根绳子将她拉起来，从此这个生

　　虽然文明不再，但玛雅人的后裔却依旧繁衍至今。一名玛雅妇女在编织手工艺品。她编织的帽子，民族气息浓烈。

还者就会备受崇敬，因为她会被认为是雨神派回来的神使。

　　雄踞在古城中央的就是库库尔干金字塔，它是玛雅人祭祀羽蛇神的神庙，是整个奇琴伊察最高大的建筑，占地约3000平方米。金字塔台基呈正方形，呈阶梯状上升，直至顶端的庙宇，整个建筑高23米。金字塔四面的阶梯都是91级，再加上最顶端的神庙，正好是一年的天数。金字塔的每个侧面都整齐地排列着52块雕刻的石板，52这个数字也正对应着玛雅人的一个历法周期。这座古老的建筑，在建造之前就曾经过了大量的几何运算，其精确度和玄妙的戏剧性效果，让后人叹为观止：每年春分和秋分的日落时分，北面一组台阶的边墙会在阳光下形成7段弯弯曲曲的等腰三角形，连同金字塔底部雕刻的蛇头，宛如一条巨大的蛇从神庙顶端向大地游动下来，这象征着羽蛇神的复苏，以及春天和秋

　　战士神殿的一座卧着的战士雕像，中间的圆盘用来放置被献祭的人的心脏。战士神殿的石柱林上雕刻着复杂精致的纹路，这充分表现出当初玛雅文明的繁盛。

天伊始。这个名叫"光影蛇阵"的现象每次都持续3小时22分，从无例外。库库尔干金字塔是玛雅人对其所掌握的建筑几何学的绝妙展示，但是今天已经禁止游客攀爬，所以游客只能凝望着层层向上的台阶，以及台阶在阳光里投下的充满哲理的剪影，默默回味这充满智慧的奇迹。

市中心南端的天文观象台是玛雅建筑中极为重要的建筑，因为正是这一座天文台，造就了玛雅人在那个时代举世无双的天文历法。天文台建在两层高台之上，高12.5米，和金字塔一样，天文台的台阶和一年的天数、月数正好吻合，台上雕刻精美的52块石板则象征着玛雅历52年一次的轮回。天文台内部每层都有旋梯，最顶层有8个设计精巧的窗户，可以测算出星辰准确的角度。虽然这只是玛雅人天文台的遗迹，但是依然能感受到他们的伟大之处，他们的历法和现代人通过精密仪器测出的历法，每5000年只相差一天，并且可以使用4亿年之久，在没有经纬仪等精密仪器的玛雅时代，他们是如何做到的呢？除了阳历，玛雅人还有金星历和佐尔金历，尤其是佐尔金历，完全不是以能在地球上观测到的天体运行为依据的。神秘的玛雅人，你们究竟掌握着怎样的秘密？

库库尔干金字塔是奇琴伊察的重要建筑，在岁月中它沉默着，哪怕游人如织。

　　玛雅文明虽然逝去，但是其杰出的历法和精湛的雕刻工艺却保留了下来。石壁上的雕刻栩栩如生，精致异常。

　　玛雅人相信生死轮回，重生必须以死亡作为代价，所以它们的祭祀场所非常多，而上文所提到的橡皮球场，就是一个巨大的祭祀场所。橡皮球场位于城中心西北部，是中美洲古代最大的球场，长166米，宽68米，两边各有一堵刻满了比赛和祭祀场景的墙，墙上方有一个很大的石孔。球队由祭司主持，每队7人。玛雅人认为，将球踢进石孔，就代表着将球送入神明居住的宇宙，只有胜利者才有资格作为祭品被献给神明，所以才有了本文开头所描写的那一幕。或许今天当你在球场上驻足时，依然会产生时空错落般的感觉，仿佛回到了那个蛮荒时代，目睹那场血腥而神圣的祭祀。

　　有位研究玛雅文明的专家曾写道："玛雅人的思维一步步迈向地老天荒，时间进行的路线一直延伸到远古的时代，融入千年期，千年期融入万年世，最后远古到人类的心灵无法想象和理解的永恒深处。"16世纪，当西班牙人来到奇琴伊察时，这里早已被遗弃，这些曾经创造了辉煌文明的玛雅人到底去了哪里？他们是否真的打开了时间的大门，去往那个曾在历法里出现过的不为人知的星球了？这一切我们无从知晓，我们唯有在这些曾经辉煌过的造物前，唏嘘感叹。

文/王锐　图/Patryk Kosmider

『 新天鹅堡 』

孤独国王对茜茜公主的最后守望

真挚的爱和深切的仰慕以及温馨的依附感，早在我还是孩童时代就已深深埋在我的心中，它使人间变成了天堂，只有死亡才能使我解脱。

　　说起新天鹅堡，人们总会想起阿尔卑斯山下那座常年云雾缥缈的人间仙境。对世人来说，它是童话的象征，是天地间最唯美的建筑，然而谁又能想到这座城堡的灵魂却是用一段凄婉绝望的爱情所浇筑的。那是一个发生在新天鹅堡修建之前，漫长的，让人不胜唏嘘的爱情故事。

　　这个故事要从新天鹅堡的修建者，巴伐利亚国王路德维希二世的童年开始说起。路德维希二世在他的童年时期就爱上了比他年龄稍大的茜茜公主，可是两人的身份并不能让两人的爱情得以实现。从父系的角度，茜茜公主是他的表姐；从母系的角度，茜茜公主是他的表姑。所以，茜茜公主在17岁的时候，就远嫁奥地利，成为奥地利的皇后。在以后的时间里，伤心欲绝的年轻王子日夜饱受相思之苦的折磨。他甚至想通过娶茜茜公主的表妹苏菲公主来代替茜茜公主的地位，可是在婚礼前两天，王子却意外地取消了婚礼，因为他发现无论如何也不能把茜茜公主的情影从心里抹去，自此以后，王子终生未娶。

　　18岁的时候，路德维希二世继承了王位，然而宫廷内尔虞我诈的权力斗争和对茜茜公主积年的思念让他无心政事，悲伤抑郁的国王将全部精力都投入到艺术上。1869年，路德维希二世开始建造他梦想中的城堡，城堡的外形则与他所深深迷恋的瓦格纳音乐剧《天鹅骑士》舞台背景中的城堡如出一辙。因为茜茜公主曾经送给他一只陶瓷天鹅的缘故，路德维希二世将城堡命名为"新天鹅堡"。

　　新天鹅堡倾注了路德维希二世的全部心血，在描绘城堡蓝图之初，他就对城堡的地形和周围的环境做过严密仔细的调查，甚至连四季的变化、山光水色的搭配都事先想好了的。就这样，建筑师、画家、舞台布景师，以及大量的工人，浩浩荡荡的队伍在阿尔卑斯山麓殚精竭虑，终于成就了这座完美的人间仙境。这座梦幻的城堡将每个季节的美都发挥到了极致，它已经不属于这个

远远望去，新天鹅堡掩映在碧色草地与绯色树林之中，宛如童话。

加冕厅的天花板上，耶稣和他的十二门徒像十分清晰。

现实的世界，随手一挥，都能抓住一把浓浓的诗意。

长年修建城堡让巴伐利亚的国库极度空虚，终于在1886年，路德维希二世的叔叔连同大臣谋反，以"精神病"为由将他软禁起来，并带离了天鹅堡。然而，就在他离开天鹅堡的第五天，人们就发现了他的尸体。有人说他是被枪击而亡，有人说他是溺水身亡。一些多情的人说，新天鹅堡就是路德维希二世的灵魂，没有灵魂的躯壳，又怎能活得下去呢？

可能路德维希二世至死也不会想到，茜茜公主其实并非钟情于己，她的婚后生活也并不似电影中演绎的那般美好，她爱的人甚至也不是她的丈夫——奥地利皇帝弗兰茨，而是匈牙利的安德拉希伯爵。茜茜公主终其一生，也没有踏入过新天鹅堡一步。这座绝美的城堡，只能让路德维希二世在思念来袭的深夜里聊以自慰罢了。

新天鹅堡位于德国最南端小镇富森，四周群山环绕，青翠苍陇的原始森林和水平如镜的天鹅湖将新天鹅堡装点得仿佛仙境一般。每天清晨，山间都会泛起薄薄的雾气，将精雕细琢的城堡笼罩其间，如梦似幻，朦胧悠远。而当山风拂去晨雾，阳光下的城堡便似在天鹅湖里清洗过一般纤尘不染，如白雪公主一般姣好，让人心底涌起眷恋、痴

100多年过去了，新天鹅堡的歌剧大厅依然华丽。内部的其他地方也很华丽，处处都能感受到王室的华贵气息。

迷、缠绵的万种情思。

新天鹅堡共有360个房间，可是因为国王的突然离世，其中绝大部分都未能完工。走进古堡，装饰着天鹅的用具随处可见，帷帐、壁画，就连厨房的水龙头也不例外。新天鹅堡的厨房内拥有当时最先进的烤炉和冷热水供应设备，水源则取自山谷中的蓄水池，利用自然的水压将水送到新天鹅堡，这在当时可以说是非常高超的技术。厨房内侧还设有锅炉房和卷吊装置，随时都能将暖炉的燃料送到每层楼，所以每逢冬季整个城堡内总是温暖如春。

踩着做工精致的用萨尔斯堡大理石制造的台阶来到三层，推开前厅的大门，一个真正的童话世界便出现在你的面前。前厅的窗户、列柱廊等全都是半圆头拱，这种罗马式的建筑设计让人仿佛置身于中世纪的欧洲，既优雅又华丽，高贵的气质显露无遗。最让人着迷的还是四周的壁画，壁画上绘制的都是瓦格纳音乐剧中中世纪的传说，既有英雄救美的浪漫深情，又有恋人之间的缠绵悱恻，高超的绘制手法让这些人物看上去无比生动。前厅挂有路德维希二世的画像，画像中的国王高大英俊，然而深邃的眼眸里却有化不开的忧郁。

如果说前厅代表着童话与浪漫，那么加冕厅就代表着庄严和

这里据说是新天鹅堡中仆人居住的房间，即使按今天的标准也是星级酒店的水准。

夕阳西下，新天鹅堡沐浴在一片金色之中，背光的地方泛着纯粹的白色。

神圣了。这间15米高、20米长的殿堂，被誉为"最接近天堂的地方"。地面和天花板都是由马赛克拼制，无论是天花板上的太阳与星辰的图案，还是地面上的各色动植物图案，都彰显着整个加冕厅的无穷魅力，这也代表着国王位于上帝和百姓之间。厅中央垂下的造型精致、富丽堂皇的大吊灯无疑也是一大特色，大吊灯重约900公斤，上用镀金的黄铜制成，镶有玻璃石，上面插着象

征王冠的96只蜡烛，当蜡烛全部点燃后，大吊灯就会散发出流光
溢彩的神圣光辉。加冕厅正前方的九级白色大理石台阶上则绘制
着耶稣、圣母玛利亚和12门徒的形象。而安置国王象牙宝座的地
方同样由于国王的离世而空置着。可惜路德维希二世穷尽一生，
也未能在他编织的童话王国里加冕为王，或许和成为国王相比，
他更希望自己是善良英勇的天鹅骑士吧。从加冕厅的阳台向外远
眺，左边是清澈宛如玉石的阿尔卑斯湖，右边是玲珑可爱的天鹅
湖，两湖之间的树林和柔嫩草地则簇拥着代表路德维希二世童年
记忆的旧天鹅堡。路德维希二世当年，也常在这里远眺这座明黄
色的城堡，回忆和茜茜公主之间的点点滴滴。

　　已建成的房间里，布景大多设计成瓦格纳音乐剧里的模样，
虽然和当初相比略显陈旧，但是其童话色彩反而随着岁月的积累
历久弥新。国王的卧室无疑是所有房间的集大成者，那里不仅是
整个童话王国的中心，也是国王精心编织的内心世界。晚期哥特
式风格的卧室中，尤为精美的就是由橡木雕刻而成的卧床，卧床
上的蓝色华盖雍容精致，床顶的雕刻呈现出哥特建筑常见的尖顶
风格，床幔的上方雕刻着欧洲50多个著名城堡的图形，每一刀都
是那么精致，惟妙惟肖。墙上的壁画展现的是一个古老而唯美的

清晨的新天鹅堡笼罩在一片浓雾之中，似真似幻，宛如人间仙境。

新天鹅堡内部的一个房间，水晶吊灯、红地毯、壁画，一切都装饰得那么华丽。

爱情故事，瓦格纳的歌剧中曾再现了这个传说。卧室里的帷幔、窗帘均使用蓝色，这不仅是国王喜欢的颜色，也是巴伐利亚王族的代表色。上面绣着巴伐利亚国徽、维特尔斯巴赫家族的狮子，这些精美的蓝色丝绸散发出令人平和安详的气息，当年的路德维希二世受伤的心灵，是否在这里得到了治愈呢？

歌剧大厅是整个新天鹅堡最富艺术气息的地方了。整个大厅呈长方形，两旁排列着精致的沙发和富丽堂皇的落地灯，大厅四周围绕着根据瓦格纳歌剧《圣杯骑士》所绘的壁画。舞台的左上方可以看到代表巴伐利亚王族的家徽，也唯有在这里才放有这样的徽章。歌剧大厅是路德维希二世最喜欢的地方，因为只有将心灵沉入歌剧所描绘的童话世界里时，才能短暂地忘记对茜茜公主的思念。

不知哪一阵阿尔卑斯山清爽的山风吹走了岁月，山谷间的雾气散了又聚，聚了又散；林间的树叶黄了又绿，绿了又黄。故事的两位主角早已不再，唯有那座物是人非的城堡依然承载着沉重的使命，将这段令人肝肠寸断的爱情绝唱代代相传。

文/王锐　图/Yuri

『 麦加大清真寺 』

伊斯兰世界的心脏，安拉驻足之所

真主以克尔白——禁寺——为众人的纲维……你应当把你的脸转向禁寺，无论你们在哪里，都应当把脸转向禁寺。

对全世界的穆斯林来说，自小捧着《古兰经》长大，他们心中一直种着一个神圣的使命：去麦加朝圣。《古兰经》里明确规定了伊斯兰教的这种教规，凡是身体健康、家有余财的穆斯林，一生至少需要去麦加，去大清真寺朝觐一次。

最初，麦加只是沙特阿拉伯西部塞拉特山区一个狭长而荒凉的山谷。但作为伊斯兰教的第一圣城，它的历史传说可以追溯到公元前2000年，伊斯兰教先知易卜拉欣和他的孩子易斯马仪的时代。作为真主的第一位信徒、第一个穆斯林，《古兰经》里说，易卜拉欣是第一个开始宣扬信仰安拉的人，他祈求安拉显灵，向人们展示死物复活、火中安生的神迹，最终引导人们开始信仰安拉，而大清真寺，正是易卜拉欣和穆斯林们信仰的结晶和升华。

公元7世纪时，伊斯兰教慢慢兴起，在此后的10个世纪里，无数个阿拉伯半岛的封建王朝以伊斯兰之名相继建立。如今，这些王朝早已随着岁月陨落，但伊斯兰教却逐渐成为世界性的信仰；而圣地麦加，因着大清真寺，成为穆斯林世界的"诸城之母"，从此长存于时间的无垠里。

传说中易卜拉欣和易斯马仪父子为纪念真主安拉，用大理石建起了一座方形房屋——圣殿（即"克尔白"）。当时的圣殿只是一座小堡垒一样的石室，周围砌着一圈不高的石墙，这便是世界上第一座清真寺——麦加大清真寺的雏形。根据《古兰经》教义，禁止人们在这里凶杀、抢劫、械斗，加上为了保护寺内的圣殿，在穆罕默德时代，便将清真寺四周划为禁地，非穆斯林严禁入内。所以一直以来，穆斯林都将其称作禁寺。

麦加大清真寺在麦加城中心，因伊斯兰教的诞生和复兴皆在此地，所以麦加又被誉为伊斯兰世界的心脏。就像伊斯兰教传说中的那样，禁寺最初，也不过是一座方形房屋而已。但自伊斯兰教先知穆罕默德以来，10多个王朝相继对禁寺进行扩建修茸。从正统哈里发时代，到伍麦叶王朝、阿巴斯王朝、马木鲁克时期、奥斯曼帝国，再到沙特家族执政时期，天房外的渗渗泉、圣石、宣讲台、宣礼塔、环形院落、环形回廊等相继建立，每个时代都在禁寺上刻画出了独属于自己的风格与印记。

如今，禁寺总面积已由最初的几十平方米增加到18万平方米，可供50万穆斯林同时朝拜，每年回历10月1日～12月10日的

每一个穆斯林都必诵读、信仰古兰经。这部伊斯兰教的圣典是他们的精神支柱。

朝觐期，穆斯林们虔诚地顺服着安拉的旨意，花费巨资、历尽千辛万苦地跋涉到此，围绕着城中央的禁寺鳞次栉比地搭起白色帐篷。一顶接着一顶，一排接着一排，从城内铺向城外，绵延数十里，站在山坡上俯瞰，麦加城仿佛被从天而降的白色浸润，漂浮在海洋上的圣城，辉煌而壮丽。

禁寺被一道24米高、557米长的石墙围起，这是禁寺除克尔白外最主要的部分。围墙上开有25道大门和6道小门，其中三座主要大门两侧和寺内三座圆形穹顶并排处都分别耸立着一座高达92米的宣礼塔，米白色的圆柱顶上是尖尖的塔顶，象征着天堂的指引。精铜雕铸的大门上刻着繁复的铭文和花草图案，穆斯林们常常满是深情地抚摸门上的每一条纹路，以此感知真主的神圣存在。

围墙内环绕着两层相连的回廊，回廊由无数廊柱支撑，连接成连绵的尖拱形。伊斯兰历75年（公元694年）时，当时的麦尔旺哈里发下令将所有的柱子都镶嵌上金子，每个柱子上都嵌了50枚重约5克的金裹子。随着岁月的流逝，这些金子也被抢夺殆尽，只能从那些模糊的嵌痕中辨识当初的奢华。伊斯兰历91年时，麦尔旺的继任者麦里克对禁寺进行了更加辉煌的装饰，用纯白的大理石修建了更多的廊柱和圆形穹顶，昭示天国与通向天国的道路。这些穹顶最大的一个直径有30米，至今仍伫立在广场之内；还用红、绿、白三色大理石铺饰地面，拼接成各种各样的形状与图案。

回廊内是巨大而空旷的广场，大理石和雨花石铺就的地面光可鉴人且华丽璀璨。整个清真寺建筑皆是如此——穹顶、回廊、高塔，都由浅浅沙漠色的大理石块建筑而成，无论是在阳光下还是在水银灯下都发着朦胧的微光，仿佛洗尽铅华、即将脱尘而去的圣殿，只有终年黑丝绸帷幔围罩的天房，能让人感觉到凡人的印迹。

天房，即克尔白，阿拉伯语"方形房屋"的音译，穆斯林们更喜欢称它为圣殿，因为这是传说中麦加曾居住的地方，是易卜拉欣曾祈祷的地方，是伊斯兰教第一座清真寺的起点，也是穆斯林终生追逐的最终信仰。安拉曾说，"我以天房为众人的归宿地和安宁地"。

克尔白四围全部用青褐色的大理石砌成，经过数代哈里发不断的改建修葺，最终建成高14米、东西宽10.1米、南北长12米的石殿。殿基则是一整块25厘米厚的雨花石，上铺纯净微黄的大理石。殿内已是空荡一片，只在中央有3根沉香木柱，支撑着殿顶横梁，横梁上雕琢出一个个小方格，均刻着"安拉至大"的字样。殿内靠近门口处有一块石阶，据说是当年易卜拉欣向真主祈祷之处。圣殿四角以所朝方向，分别命名为伊拉克角、叙利亚角、也门角和黑色角。圣殿东北侧的叙利亚角一旁，开有一道离地两米高的门，门分两扇，共3米高、2米宽，全部用赤金精铸而成，重约300公斤，在黑色帷幕下泛着陈旧的金光。终年覆盖着圣殿的黑色丝绸帷幔上，用金线和银线织着《古兰经》文，在阳光下熠熠闪光。帷幔每年一换，这一传统已持续了1300多年。

清真寺的长廊修建得非常细致，看上去极为神圣。

圣殿东南侧则是著名的渗渗泉，泉底终年有潺潺泉水涌出。在黄沙肆虐的沙漠里，对穆斯林来说，渗渗泉是生的希望，更是真主的神迹。每年回历7月和沙特阿拉伯国历12月时穆斯林都要用渗渗泉的水清洗圣殿，清亮的泉水从圣殿高处浇落，是圣洁的洗礼，也将真主的神圣带向凡间。

大清真寺是穆斯林信仰的体现。

众多穆斯林都在清真寺中央的天房朝觐，阳光下显得非常神圣。

所以，每次洗过的水都会被收集起来，赠予知名的达官显贵。

渗渗泉正对着的围墙上1.5米高处，镶嵌着一块30厘米长的红褐色陨石，相传是易卜拉欣留下的神物，被穆斯林视为圣石。圣石原本是完整的一块，但在伊斯兰历64年时，禁寺被卷入皇权政治之争，当时哈里发的政敌纵火焚烧禁寺，火势从朝觐者歇足的帐篷蔓延至全寺，圣石一裂为三，克尔白也惨遭重创。在此不得不钦佩那些执著的穆斯林，克尔白自建立以来，两次遭大火焚烧、一次被洪水淹毁，几经风雨磨难，却仍然雄壮宏伟地伫立在禁寺广场内，向世人证实了信仰的不可泯灭。

文/罗佳佳　图/Ahmad Faizal Yahya

『 佩特拉古建群 』

沧桑历史中的玫瑰之城

光看首都安曼还不够，一定要去佩特拉。这是每一个约旦人都会对游客说的。那座书写了约旦半部历史的玫瑰之城，究竟蕴含着怎样的神秘，到底流传着怎样的美丽？

　　"一座玫瑰红的城市，其历史有人类历史的一半。"19世纪的英国诗人威廉·柏根曾在他的诗歌里如是写道。从此，这座饱经沧桑，在千载光阴中一路蜿蜒走来的佩特拉古城有了第二个名字——"玫瑰之城"。"玫瑰之城"佩特拉不仅以其瑰丽的色泽闻名于世，更以其久远的历史在世界五千年文明史中占据了半壁江山。

　　《圣经》里，犹太人先知摩西点石出水之地；《阿里巴巴与四十大盗》中，40个大强盗的藏宝地；《变形金刚2》里，超级领袖的墓地；《夺宝奇兵3》中圣杯的安放地……无论是基督教的经文，还是阿拉伯民间故事，抑或是经典的电影，都为这个本来就透着传奇色彩的古城罩上了层层神秘的面纱，这座有2600多年历史的壮丽城邦，是谁带着莫大的信仰与毅力在岩壁之上将它精心雕琢？

　　掀开历史的重重迷雾，思绪重回佩特拉的繁盛往昔。公元前6世纪，一支庞大的阿拉伯游牧民族——纳巴泰来到了约旦阿拉

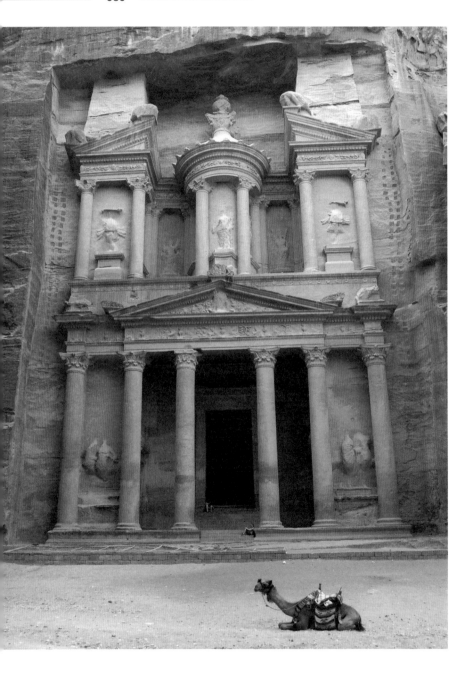

伯干河东部，他们骑着骆驼，驱着羊群，满载辎重，在这水草丰美的地方定居下来，繁衍生息。因地处交通要道，纳巴泰人决定在亚喀巴与死海间的这条狭长的谷底兴建一座宏伟的城邦，在随后的几百年中，他们倾注了生命中所有的热情、智慧与虔诚，在悬崖绝壁之上以最原始的工具一锤一刻、一斧一凿地将这座举世震惊的艺术丰碑——佩特拉城活灵活现地呈现在世人眼前。

公元前2世纪，纳巴泰达到了全盛时期，它的疆域也从大马士革一直延伸到红海，但是其影响力却越过了疆域，犹如汪洋上的一场飓风，将一圈圈波澜壮阔的涟漪扩散到整个古代世界。他们推广了文字，铸造了钱币，建造了希腊式的圆形剧场和神庙，无论何地，哪怕远至中国，只要有骆驼商队，只要有贸易团体，没有人不知道神话般的石头之城。因为控制了重要的贸易通道，来自世界各地的满载货物的骆驼商队络绎不绝，阿拉伯和印度的香料、埃及的黄金以及中国的丝绸都要在佩特拉周转，随后运往大马士革、泰尔以及加沙等地的市场，纳巴泰人也由此变得极其富裕。公元106年，古罗马人接管了佩特拉，他们修建了更华丽的建筑，铺筑了商道，改建了灌溉系统，使得佩特拉迎来了第二

雕在岩壁上的神殿非常壮丽，虽然时隔2000年，依然可以从中感受到其杰出的艺术底蕴。

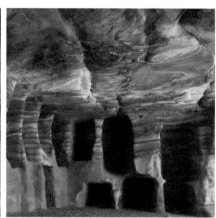

神殿的细节雕刻细致，栩栩如生。

个繁荣的时期。如果你身处城中，你甚至会发现诗人、艺术家、哲学家的影子。

然而时过境迁，由于海运的盛行和陆上贸易通道的更替，佩特拉终于在公元3世纪之后逐渐式微，最终被无情地抛弃，辉煌一时的佩特拉逐渐被历史的尘埃所掩埋，在世界史上销声匿迹，直到1000多年之后才被重新发现。

佩特拉隐藏在峡谷的深处，一眼望去全是大片大片连绵不绝的山岩，绿色植被在这里几乎找不到影子。进入峡谷，甬道回环曲折，险峻幽深，路上覆盖着卵石。佩特拉附近的山体高达900多米，由于风雨的侵蚀而变得平整光滑，犹如刀削斧砍一般。虽没有青山含黛、拢翠幽碧的盎然生机，但也不是土石灰黄的贫瘠模样，整个佩特拉的岩石仿佛带着珊瑚翡翠般的微红色调，在阳光的照射下更显得无比剔透，仿佛龙宫里的珊瑚宫殿，富丽堂皇。如果在朝阳和晚景中凝望，垒垒石窟构成的楼群便会被渲染成玫瑰一般的色彩，这也就是佩特拉得名"玫瑰之城"的原因。数千载的光阴荏苒逐渐模糊了佩特拉的容颜，如今仅剩下卡兹尼神殿、古罗马大剧场、皇家陵墓、神庙和散落各处的墓地了。

要进入佩特拉，首先要穿过一条长约2公里的西克峡谷，峡谷里漆黑一片，回声荡荡，令人毛骨悚然，然后当抬头仰望苍穹时，碧蓝的天空仿佛一线，极其壮观美丽。

转过峡谷，一座恢弘华美的建筑就呈现在眼前，难以言喻的感情涌上心头，让人忘却呼吸。这就是卡兹尼神殿。卡兹尼神殿建于公元前1世纪前后，高40米、宽27米，整座建筑完全在山岩上雕琢而成，如果阳光普照，便会看见神殿上流光溢彩，粉色、红色、橘色，以及深红色层次分明地溢动着，衬以黄、白、紫三色条纹，宛如用整块彩玉雕琢而成，恰似琼楼玉宇，瑰丽非常。神殿的殿门分为上下两层，下层是6根10余米高的石柱，精美的雕刻遍布柱顶、门檐和横梁，无论是神祇、动物，还是花草树木，一笔一画都浑然天成，呼之欲出。神殿上层是三个大石龛，雕刻着希腊传说中的天使、圣母和长着翅膀的战士石像。

神殿的内部并没有过多的雕饰，显得异常空旷，唯有大厅被打磨得水平光滑，光可鉴人。在神殿的大门处，有一个凹进去的漏斗形水槽，与下面一条细窄的排水道相连。据考古学家所言，这个水槽用于纳巴泰人的祭祀。他们在漏斗上滴入珍贵的油膏、

烛光下的卡兹尼神殿被映照得猩红一片，非常美丽。

要到达佩特拉，必须穿过这条长约2公里左右的西克峡谷，在峡谷中向上望去，还能看到一线天的景观。

香精，或者是动物的新鲜血液，这些祭祀的液体会顺着排水道汇集到另一个大水槽之中，这样的仪式代表着纳巴泰人对神灵最崇高的敬意。纳巴泰人供奉着两位神灵：杜莎里斯和阿尔乌扎，虽然难以究其根源，但其中无疑蕴含着巨大的精神力量。在神殿地下，埋藏着4间墓室，里面有11具骸骨以及众多的随葬品和祭品。

进入卡兹尼神殿之后的西克峡谷眼前豁然开朗，不远处就是修建于古罗马帝国时代，颇具风情和特色的露天大剧场。整个大剧场依山势而建，呈扇形散开。露天大剧场的舞台用建造卡兹尼神殿时开凿出的巨石垒成，周围的阶梯看台层层叠叠，如众星捧月般将舞台环伺其间。整个大剧场可以容纳千人，而且大剧场还是一个天然的音响，它能将舞台中央发出的声音形成回音，层层荡荡地在整个大剧场的上空盘旋环绕。抚摸着大剧场冰冷的岩石，那些早已逝去的音符仿佛重现，歌舞表演、观众的呼声、掌声交织在一起，在耳边渲染开来。

大剧场周围分布着大量的住宅、集市和墓地，大部分都是在山崖上开凿出来的，有的细致典雅，有的特色分明。虽然建筑原料依然是土生的岩石，但并不是只有单纯的玫瑰红、土褐、绯红、淡蓝、橘黄、亮紫、幽绿等色异彩纷呈，犹如上帝的调色盘一般，在2000多年的风雨中交织缠绕，迸发出绚烂醉人的色彩。

佩特拉山脚下有一座古庙建筑——本特宫。和卡兹尼神殿一样，本特宫也有着精致而生动的石像浮雕，阳光下水雾氤氲，华美异常。这座宫殿还流传着一个美丽的故事。传说当年佩特拉城缺乏水源，于是国王下令，如果有人能引水入城，就将公主许配给他。后来，一位聪明的建筑师在西克峡谷旁的穆萨村劈山筑渠，引水入城，于是国王就将公主许配给了这位建筑师，他俩就住在本特宫中，从此本特宫改名为女儿宫。

在现代人的眼中，纳巴泰人散发着谜一般的色彩，他们仿佛在一夕之间控制了阿拉伯半岛到地中海之间的重要商路；仿佛一夕之间建立了佩特拉城；又仿佛在一夕之间消失于历史的迷雾之中，仅留下这座神幻瑰丽的古老城市，无言地述说着他们曾经存在的痕迹。

文/王锐　图/Regien

『 阿姆利则金庙 』

花蜜水池中，闪烁信仰的光辉

是的，所有游客来到阿姆利则金庙，都会得到恩泽。在施与受之间，善的种子在萌芽。

阿姆利则这个印度古城的汉语名字，是根据梵语"Amta-sarovar"音译得来的；虽然汉语堪称世界上最美丽的语言，但令人遗憾的是这个音译却没有传递梵文原意的美丽。对一些追求艺术气息的人来说，他们更愿用意译来称呼这座古城——"花蜜水池"

在印度西北的"五河流域"旁遮普邦，阿姆利则被绵延山岭呵护，距离巴基斯坦拉合尔只有50公里。和印度的很多城市一样，阿姆利则的街道散布着低矮、陈旧的建筑，甚至烟尘斗乱。然而，这个城市却是锡克教的圣地。被赞美为"花蜜水池"的奈克塔尔湖波光粼粼；湖心的金庙在太阳照耀下熠熠生辉；街头那些包裹着各色头巾的锡克教徒，不紧不慢地行走着，露出友好的笑容……世俗与神圣，就这样和谐地交融着。毋宁说，正是在谦卑甚至贫贱的人群里，才萌发着信仰的光辉？

奈克塔尔湖与金庙是阿姆利则的心脏，也是古城居民的精神圣殿。奈克塔尔是个方形人工湖泊。传说，锡克教的第一代上师那纳克曾在阿姆利则修行，创立了锡克教。到第三代上师阿玛达斯时，锡克教已成为拥有众多教徒的大教。终其一生，阿玛达斯都想为教徒们建立一个活动中心，供教徒们朝拜，以延续和传承锡克教的最初教义。选址的重任落在第四代上师拉姆达斯身上。为了寻找一块理想之地，拉姆达斯走遍全印度都不能如愿，最后他回到先祖创教之地的阿姆利则，在一个叫苏坦文帝村的地方，他找到了一个小小的池塘。小池塘的水清洌甘甜，而且可以治病。看着池水中自己的倒影，拉姆达斯知道，终于找到那个梦寐以求的地方。他立即组织人挖掘，将池塘改建为一处巨大的人工湖。当拉姆达斯去世后，第五代上师阿而贾·德夫想到了要在湖中央建一座庙宇。按照阿而贾·德夫的谕令，教徒们修建了一道

阳光下的阿姆利则金庙金碧辉煌，就连在水中的倒影也是一片金光。

通向湖心的栈桥。栈桥的尽头是一个方形的基座，在基座上建起了一座庙宇。为了表达虔诚，教徒们募来100多公斤黄金，锻造成美丽的黄金叶片，将庙宇细细包裹。于是，这座锡克教璀璨耀眼的圣殿就得了"金庙"之名，通常称为"阿姆利则金庙"。

在历史的风云变幻中，金庙曾几经毁坏，教徒们则一次又一次地重建。最近一次毁坏发生在1984年，当时的印度总理英迪拉·甘地为了镇压躲入金庙的分裂主义者，曾下令炮轰金庙；事件的结局是总理被自己身边两名锡克教卫兵刺杀身亡……

阿姆利则金庙占地大约10公顷。正如锡克教是在伊斯兰教和印度教的基础上创立起来的一样，金庙也融合了这两种宗教的建筑风格。有人将它比作"一朵倒放于水面的莲花"。沿着栈桥，从正面走近金庙，迎面则是一座城堡式的门楼，门楼上有着白色的钟楼和呈莲花状的5个金顶。中间是巨大的穹顶，另4个则分布于四角，像卫兵一样拱卫着穹顶。莲花一样的金顶倒映在粼粼波光中，有人说这象征着锡克教目光向下、关注苍生的理念。在庙宇东西南北四方，各有一个门，代表着锡克教对各个方向的人民都持开放和欢迎的态度。

整座金庙共3层，分为12个区域，除圣殿外，还有香客休息室、诵经堂、法师起居室、祈祷厅、食堂、圣物室、博物馆和储藏室等。其中尤其重要的是圣物室。圣物室和博物馆位于庙宇的第二层。一部1604年放置的《阿低格兰特经》被精心地呵护着，接受信徒们的瞻仰。《阿低格兰特经》既是一部经书，也是锡克教供奉的第十一代上师。《阿低格兰特经》是在第五代上师阿而贾·德夫时代编撰的，主要用旁遮普语写成，也有少数梵语、印地语、波斯语章节，共收录了3384首赞歌、15575节诗歌，阐述锡克教的基本信仰，宣扬历代上师的生平事迹。锡克教第十代上师戈宾德·辛格在去世前谕令教徒，将《阿低格兰特经》作为第十一位上师供奉，并且以后锡克教的领袖都不得使用"上师"的尊号。从此，《阿低格兰特经》就被尊称为"诗篇圣典上师"。

说到阿姆利则金庙，则不能不提到锡克教。当年，锡克教的第一代宗师那纳克，试图弥合不同教派的纷争，在印度教和伊斯兰教的基础上创立了主张宗教宽容、平等友爱，反对偶像崇拜和种族区别的锡克教。锡克教徒一反印度多妻制的传统，实行一夫一妻制。教义的禁忌中要求教徒不吸烟，提倡与人为善，保持乐观豁达的心态。正如那纳克创立教派时所主张的那样，阿姆利则金庙就像一位宽厚的长者，对各方来客都慷慨地迎接、施与，因此它也成了全世界背包客的天堂。进入阿姆利则金庙无需门票。为了表达对锡克教历代上师的敬仰，以及对他们制定的教规的尊奉，游客不能带香烟，必须脱去鞋袜光脚进入，当然头上也得戴上帽子或者包上头巾。

　　为什么进入阿姆利则金庙必须戴上帽子或者包裹头巾呢？这跟锡克教的"5K戒律"有关。不剃发不刮胡须、携发梳、戴手镯、佩短剑、着短装，这是锡克教徒的五大特征。不剃发不刮胡的梵语写法为"Kesh"。在锡克教徒们看来，头发和胡子是上苍的特别恩赐，必须精心保留。成年男教徒往往用各种颜色的头巾包裹头发，其中一种头巾展开来甚至长达6米；女教徒则往往将头巾披在辫子上，更多了一份飘逸与灵动；年幼的男孩头发往往较少，通常在额头上留个头巾包裹的发髻，经常被外人误以为美

　　　在清澈见底的"花蜜水池"中，各色的鱼儿欢快地游来游去，煞是可爱。

　　锡克教徒们或在水池边上伫立，或沐浴池中，他们的脸上写满了虔诚与幸福。

少女。正因为头发太长，所以锡克教徒们就必须戴发梳，这条教规梵文写作"Kanga"。他们把发梳扣在发髻下，以方便每天梳理两次。穿短裤（Kacch）则提醒教徒克制情绪和情欲，并确保他们任何时候都能活动自如。戴铁手镯（Kara）是提醒锡克教徒不能做出任何有辱声誉的事情。佩剑（Kirpan）则是自卫和勇气的象征，过去锡克教徒都把佩剑挂在腰间，现在剑已变成发梳上的一种象征标志。这便是锡克教中著名的"5K戒律"。到了18岁，每位锡克教徒都要接受洗礼，并以历代上师的名义发誓，遵从"5K戒律"。

正因为"5K戒律"，在阿姆利则金庙四周的每道门外，都有一个裸晒胡子、包头巾的长发男卫兵。他们手持一根铁棍或铁枪，礼貌而坚决地拒绝个别不戴帽子、不包头巾的游客进入······

进入金庙，可以看到远方来客们排队领取免费食物和水的场景。人们拿着餐盘在食堂外等待。当上一拨食客出来之后，后一拨食客则安静而有序地进入食堂，席地而坐，满怀感激地从施予者手中接过食物。由于食客太多，在用餐高峰期金庙不得不限定用餐时间为20分钟以内。在环廊一角，会看到一群锡克妇女在长条的石槽旁边，用沙土擦拭客人们用过的餐具，然后再用清水冲洗干净。她们的表情平和而宁静，没有一丝怨艾。

在长廊里，还铺设着寺庙提供的免费小床铺，即使客人一觉睡到天亮，也不会有人来打扰或者驱赶。是的，所有游客来到阿姆利则金庙，都会受到恩泽。在施与受之间，善的种子在萌芽。

每天早晨，当曙光照耀着阿姆利则金庙时，教徒们都会带着虔诚的心，诵读《阿低格兰特经》中的晨祷歌。夜晚则是阿姆利则金庙最美丽的时刻。天上圣洁的月光、寺庙璀璨的金光、暗夜里的灯光，齐齐倒映在平静的湖水中。有风吹过，湖水荡漾起粼粼波光，圣洁而神秘的气息在湖面浮动。虔诚的锡克教徒们，有的对着湖中的光影沉思，有的用湖水擦拭身体，他们的思绪已经在天空飞翔······

文/王锐　图/Edyta Pawlowska

『 阿布辛贝神庙 』

世纪年华里的历史颂歌

我对她的爱独一无二——没有人能和她匹敌，因为她是所有人中最美丽的一个。我从她身边经过时，她就已经偷走了我的心。拉美西斯二世向后世述说着他美丽的爱情，而荒漠中耸立的那座神庙见证了他传奇的一生。

  19世纪的某天，一位瑞士探险家来到人迹罕至的阿布辛贝。他被这个民族世代相传的法老拉美西斯二世和他心爱的王后之间刻骨铭心的爱情故事所打动，于是决定留下来发掘故事里那座象征着他们忠贞爱情的雄伟丰碑——阿布辛贝神庙。某天夜里，探险家在野外被一场突如其来的罕见风暴卷入，随后便晕了过去。然而当他醒来的时候，视野完全被眼前一座仿佛从天而降的巨大石像所占据，虽然数千年的风沙侵蚀在它表面刻下了数不清的沧桑印记，但它那与生俱来的凝重气息与亘古不变的威压让风暴都为之呻吟！待狂风平息后，探险家艰难地爬向旁边的壁画，用尽平生所学，结结巴巴地念出上面似曾相识的古埃及文字：

  埃及的众神，请听到我的祈求；

  欧西里斯神啊，请您庇佑我，让我再次拥有来生；

  荷鲁斯神啊，请您赐予我勇气和战斗力，让我再次为保护我的疆土而战；

  阿蒙神啊，请您保护我的灵魂，飞渡到遥远的来世；

阿布辛贝神庙的正面看上去雄伟壮丽，即使是石雕的神像也带着巨大的压迫感。

哈托尔女神，请您再次眷顾我，把我带到她的身旁；

尼罗河，我的母亲，我愿与她一同饮下这生命之水，约定再会亦不忘却往生……

在这一刻，被时光掩埋千载的阿布辛贝神庙终于重见天日。这座爱情丰碑，究竟讲述着怎样一个悱恻缠绵的故事的？

公元前3400年前后，埃及曾发生了巨大的变化。在相当短暂的时间内，埃及的各个部落融合发展成了两个独立的君主国，这就是位于尼罗河谷的上埃及和位于尼罗河三角洲的下埃及。作为下埃及的统治者和拉美西斯家族的唯一的继承人，拉美西斯二世的许多事情早早就被安排。娶一位上埃及出身高贵的正统底比斯王族之裔，得到拥护是巩固统治的有效方法。出于政治目的，拉美西斯与出身高贵的纳菲尔塔莉喜结连理。然而出乎意料的是，纳菲尔塔莉的惊人魅力与智慧，征服了拉美西斯二世和全埃及王公贵族、上下人民。拉美西斯二世与纳菲尔塔莉朝夕相处、形影不离，在许多壁画及古籍中都能看到两人的身影。纳菲尔塔莉甚至出席宗教仪式，帮助丈夫处理一些国事活动。拉美西斯曾说：

"我，已经是埃及的法老，我可以给你一切你所想要的，如果是合理的，那么你要一，我给你二，如果是不合理的，那么我也做一个不明事理的君主，满足你。"仿佛隔了世纪年华传来的情话，带着对美女英雄故事的浪漫漾羡，弥散耳旁。然而纳菲尔塔莉没能看到执政的30年庆典。她的早逝成为法老王心中永恒的痛，于是法老决定在王后的出生地为其修建一座恢弘的神庙，这就是后来的阿布辛贝神庙。

公元前1300年，浩浩荡荡的驼队满载着辎重朝着阿布辛贝地区出发，随行的还有万千能工巧匠，在尼罗河西岸的悬崖峭壁上，他们殚精竭虑67年，终于用血汗和智慧造就了这座至高无上的爱情殿堂。阿布辛贝神庙开创了把神庙的全部建筑凿入山崖岩内的空前的建筑形式，也对古埃及的建筑构思产生了深远的影响。随着法老时代的结束，岁月无情的更替，2000多年里，神庙被光阴淹没。当它重现辉煌的那一刻，人们不禁被眼前的神迹感动得潜然泪下，被古人的智慧震撼得忘乎所以。

神庙由依崖凿建的牌楼门、巨型拉美西斯二世摩崖雕像、前后柱厅及神堂等组成，共有两座由岩石雕刻而成的巨型神庙，分别为：献给普塔赫神、阿蒙拉神、拉哈拉赫梯神和神化的拉美西斯二世的大

阿布辛贝神庙的每一个细节都雕刻得精致，栩栩如生。

几千年的光阴将神庙的建筑摧残得破败不堪，但其雄伟的气势依然存在。

神庙及附近的献给女神哈托尔和拉美西斯二世最宠爱的夫人纳菲尔塔莉王后的小神庙。

大神庙正面的岩壁上，凿有4座并肩而坐的雕像，高约33米，宽约38米，纵深约65米，是拉美西斯二世和他最爱的妻子以及两个孩子。这个仅两耳之间就达3.9米、嘴宽0.97米的庞然大物，缓缓向我们走来，如阳光般散发出法老称雄于世的霸气和至高无上的权威。

左边已经被毁坏的第二座雕像，胸部也有部分残缺，最右边的雕像的胡子也已经破损。即便如此，我们仍能感受到它的恢宏气势。在神庙正面有雕刻细腻、神态自然的6尊各10米高的雕像，其中有两尊王后像及数尊小王子像。

带着诧异继续前行，会看到第一殿堂墙壁上，雕满了拉美西斯二世法老征战的壮观场面，以及中庭里的8尊拉美西斯二世化身为神的立像，都在向你诉说着那远古时代里的辉煌。色泽鲜明的壁画，犹如一抹艳阳在墙上洋洋自得，令游人不禁啧啧称奇。

然而这个隽永的故事远远没有结束，走在阿布辛贝大神庙的后殿之中，步入最深处的圣地，映入眼帘的是4座雕像，这4尊神像位于距离庙门65米的深处。从左至右分别是普塔赫神、阿蒙拉神、神化了的拉美西斯二世、拉哈拉赫梯神。每年的2月21日和10月21日，太阳的金色光束，都会准时直射拉美西斯二世神庙的大门，并穿过大神庙60余米纵深的殿堂，依次照耀到后殿的阿蒙神像、拉美西斯二世神像和阿尔马甘斯这3座神像上，并且照射时间长达20分钟。在万道霞光之中沐浴的拉美西斯像一个熠熠生辉的金刚。这两天也被称为"太阳节奇观"。

为什么只有在每年的2月21日和10月21日才有光束照射到神像上呢？原来这两天分别是拉美西斯二世的生日和登基日，古埃及人的匠心独运让阿布辛贝神庙仿佛产生了神迹，而拉美西斯二

阿布辛贝神庙内部的壁画非常精致，上面的图案真实地反映了当时的生活细节。

金色的生命之匙，
意为王权是神所授。

世则在数千年的时光中静静享受着神的恩泽。有如此丰厚文化底蕴的神庙，不愧为世界历史上最杰出的建筑之一。因此才会有人说："如果到埃及不看阿布辛贝神庙的话，你错过的不是一处景点，而是一处奇迹。"不过，如今的"太阳节奇观"却比以前提前了一天。这是因为在1960年，埃及政府准备修建阿斯旺大坝，为了避免神庙被水淹，不得不把神庙逐步分解拆卸，向上移动了60米，尽管煞费苦心，可太阳节的时辰还是被算错，以至于误差了一天。在当今拥有如此先进科技的情况下，却依然无法还原数千年前的奇迹，这究竟是文明的进步还是倒退呢？

拉美西斯二世回首轻声对纳菲尔塔莉诉说"阳光为你而照"。岁月销蚀了它原本的容颜，但丝毫掩盖不了拉美西斯二世那舍我其谁的霸气。风雨能把石土风化、掩埋于无情的岁月，可那坚贞、轰轰烈烈的爱情，那永远的英雄传说却留在了人们的心中。

文/余庆华　图/EastVillage

『 科隆大教堂 』

六百年光阴凝固的华美圣堂

清澈明亮的莱茵河缓缓流过科隆这美丽古老的城市。城市中心有一首凝固的音乐——科隆大教堂，它既令人震撼而又充满安宁的情绪。当人们踏进这座哥特式的大教堂，顿时会无法抗拒它那强大的精神感召力，被它那升腾的氛围所感染，迷醉于其中……

百年前，一位衣衫褴褛的青年徘徊在莱茵河畔，感受着什么，思考着什么。夕阳拉长了他的身影，思绪也不知飘向了哪里。一个不经意的抬头，猛然间感到一股排山倒海的气势直直逼来，它屹立在眼前，庄严肃穆却雅致轻盈，雄伟有力却清奇冷峻，岂止是冲击和震撼！瞬间那黯淡的双眸绽放出艺术的光彩，汩汩的音符在心间喷溅流淌。

正是科隆大教堂和莱茵河，让舒曼萌发出《莱茵交响曲》这动人的举世乐章。是的，莱茵河畔的科隆大教堂本身就是一首雄壮的音乐。在科隆大教堂长达6个多世纪的修建历史中，蕴含的坎坷与艰辛数不胜数。

1164年，科隆大主教莱纳德征战意大利米兰时，夺得一件珍贵的战利品——东方三圣王的遗骸。东方三圣王是基督教中举足轻重的三位大贤，他们曾目睹了耶稣的诞生。正因为有了遗骸，科隆成为继西班牙的圣地亚哥、意大利的罗马和德国的亚琛之后欧洲最有名的朝圣地。1238年，法国国王从拜占庭皇帝手中购得

科隆大教堂的雕塑与绘画，精美绝伦，具有极高的艺术价值。

耶稣受难时戴的荆冠，巴黎成为科隆最强有力的竞争者。为保住圣地的地位，科隆主教团决定修建一座世界上最大、最完美的大教堂来供奉遗骸，因此便有了如今的科隆大教堂。

公元1248年8月15日，这一天是圣母升天节，整个科隆市迎来了激动人心的时刻。此刻成群的鸽子在城市上空盘旋，似乎也被那快乐的消息感染。所有人都汇集在市中心，眼中写满了兴奋与期待——没错，从这一天起这个德国当时最大的城市将要建造一座"世界第一"的大教堂，一座离上帝最近的人间天堂！当主教康拉德·冯·霍施塔登庄重地为大教堂动工落成了奠基仪式时，人们欢呼雀跃，这十足是一件令德国人感到激动自豪的事。

教堂最初的工程是74年后唱诗堂的封顶。以当时的技术条件，修建如此巨大的教堂该是何其地艰苦。如今看着那大大小小高耸的尖塔，很难想象在没有精密机械的条件下工人和建筑师们是如何让它们拔地而起直插云霄的。也许可以想象的只有建筑工人们搬运石头时挥洒的汗水，雕砌装饰时专注的眼神，还有建筑师们设计图稿时一遍又一遍的推敲琢磨。无论风吹雨打，支撑着他们坚持下去的一定是内心深处的信仰。不幸的是，由于历次战争阻隔，建筑工程时断时续。终于在1560年，教堂内大厅才基本竣工。由于资金匮乏这项浩大的工程不得不停滞。一停就是几百年，1842年在威廉四世的主持下才开始大教堂的第二次奠基。到了19世纪60年代，强盛的普鲁士王国统领德国人民再一次坚定了要建世界最高教堂的决心。人们纷纷购买彩票为工程的筹资尽力，科隆大教堂一层又一层地加高，一间又一间地加宽，直到1880年10月15日，科隆大教堂举行了盛大的竣工典礼，果真不负众望成为当时世界最高的建筑物。

历经632年，科隆大教堂成为以两座"高塔"为主门，以内部"十字心"为主体的建筑群。占地8 000平方米，建筑面积约6 000平方米，相当于一个足球场。大教堂正面的两座尖塔顶楼高157米，从远处看上去犹如两把利剑直刺蓝天，这一主体建筑成为科隆乃至德国的象征。教堂内有5个大型礼拜堂，位于两塔中间的中央礼拜堂最为光彩夺目、富丽堂皇。外地游客如果搭乘火车去科隆，即使列车在远远的城郊，透过车窗就能看到那

科隆大教堂的局部雕刻得非常精美，有很高的艺术价值。

　　从大教堂内部向上仰望，周围的建筑显得非常壮丽，大教堂的威严显露无遗。

标志性的中央双塔。当来到它面前时，瞬时会被它那令人窒息的宏伟庄严的气势所震慑，似乎整个广场都笼罩在大教堂的影子下。

参观大教堂，能俯视科隆的中央双塔是一定要去的。在教堂外设有一个独立的地下入口，进去后可以攀登至100米。上到60多米的时候，就可以看到古老的吊钟，其中重24吨的圣彼得钟是世界上最大的教堂吊钟，也许有幸能听到它的宏音。想要到教堂最上面，需要一步一步登509级螺旋台阶，螺旋而上的古老通道，勉强能容下两人并肩而立，如果两个人一上一下相遇，那其中一人就得礼让，否则只能僵持在通道里。当登上塔顶平台，放眼眺望，莱茵河，科隆老城，远处的七峰山，埃菲尔山尽收眼底。此时，闭上眼睛，双手伸向天空，是否能触到上帝的手指，感受到与上帝最近距离的交流呢？

科隆大教堂被称为"永远的工地"，在塔顶总能看到某处有脚手架。第二次世界大战之中，科隆大教堂被十多颗重型空投炸弹所击中，然而奇迹般的并没有被毁坏，从此它就处于不断的修缮之中。第二次世界大战的伤口还没愈合，环境的原因让科隆大教堂时常病危。所谓旧伤未愈，新伤又来。或许再需要632年，科隆大教堂才能完全地摆脱挂在它身上的这些"绷带"呢。

在建筑史上，科隆大教堂被称为世界上最完美的哥特式教堂。高尖塔、花窗玻璃、肋状拱顶，各种哥特式建筑风格的艺术都完美地融入这座大教堂的每一个细节中。而大教堂的内部，更装饰得无比华丽和典雅。中央大礼堂穹顶高43米，两侧排列着104个木质席位。圣坛上耸立着巨大的十字架，这是欧洲大型雕塑中最古老著名的珍品。而东方三圣王的遗骸，则被放在一座精雕细琢的巨大金棺里，也安放在圣坛上，日夜受着教徒们的顶礼膜拜。教堂四周的玻璃窗都用彩色玻璃镶嵌出图画，描述的是圣经故事，面积达1万多平方米。当阳光透过玻璃窗照射进来，礼堂如天堂一般，五彩斑斓，熠熠生辉，让人叹为观止。

科隆大教堂是欧洲教堂中收藏品最多的一个。陈列室内的精品可谓数不胜数，每一件都有自己的故事。最具有纪念意义的就是大教堂的设计图纸，这些沧桑的羊皮纸上凝结了工人和工程师们数不清的血汗。教堂内外摆满了精美的石雕，这些石雕都有着数百年的历史，每一具都有极高的艺术价值。而描绘圣母玛利亚和耶稣故事的石刻雕塑，工艺精湛，栩栩如生，尤为珍贵。除了石雕，11世纪德国奥拓王朝时期留下来的木雕《十字架上的耶

教堂的圆形拱顶装饰华丽，色彩鲜明。

稣》，更是成为了哥特艺术的先导，对后世的雕刻产生了极其深远的影响。陈列室里还放有最古老的巨型圣经、比真人还大的耶稣受难十字架，以及各个时代皇帝遗留下来的圣衣和手稿，它们是大教堂的历史，同时也是基督教历史的象征。在唱诗班回廊，还保存着15世纪早期科隆画派画家斯蒂芬·洛赫纳为教堂所作的壁画、法衣、雕像和福音书等文物，虽然染尽了沧桑，但是仍能感受到上面浓郁的宗教和艺术气息。

入夜，教堂在灯光的辉映下显得绚丽神秘。海涅曾说："看啊，那个庞大的家伙，在那儿显现在月光里！那是科隆大教堂，阴森森的高高耸起。"历经沧桑的科隆大教堂默默地矗立在那儿，它是数个世纪之间，基督的子民们在神圣力量的感召下，倾注了生命中所有的热情、智慧、虔诚与信念所凝铸而成的精神圣地。莱茵一曲依旧萦绕在历史的空气中。也许在某个时空中，舒曼正在塔顶遥望着莱茵河畔的美景，聆听着来自上帝的慧语……

文/王锐　图/EastVillage

『 金字塔 』

在法老陵墓里探寻生命和永恒

天空把自己的光芒伸向你，以便你可以去到天上，犹如太阳神的眼睛一样。《金字塔铭文》如是写道。在这些承载着法老升天使命的巨大建筑里，究竟埋藏着多少不为人知的神鬼传奇？

　　大约在公元前450年，古希腊学者希罗多德曾讲述过一个关于古埃及统治者胡夫的故事。胡夫是古埃及一位非常残忍的法老，当他花完所有的财富时，就命令他的女儿到妓院为他挣钱。忠诚的女儿唯有照办。不过，她的女儿向每一位她侍奉过的男人要了一块石头作为礼物，她想要用这些石头来做些什么，以便后人能够记住她。最后，她用石头建造了一座巨大的金字塔，这座金字塔就坐落在尼罗河畔的吉萨高原上。

　　在希罗多德讲述这个故事的时候，埃及的金字塔已经在风沙与烈日中矗立了一两千年了，然而即使是在时隔2000多年后的今天，关于金字塔起源的种种古怪谣传仍为人们津津乐道。

　　埃及有近一百座金字塔，大多建于4000多年前。因为在古埃及神话中，尼罗河西岸与日落、通往来世的路途都相通，故而所有的金字塔都被建造在尼罗河西岸的吉萨高原上。这其中最壮观的当属胡夫金字塔、海夫拉金字塔和门卡乌拉金字塔，这3座金字塔统称大金字塔，也就是人们口中常说的金字塔。在落日的余晖中，这些雄浑巍峨的建筑仿佛成为了天与地最后的支撑，晕红的晚霞为它们染上了悲壮而沉重的色调，一种震慑人心的力量在天地之间弥散开来。难怪当年挺进埃及的拿破仑要指着金字塔对战士们说："士兵们，埃及4000年的历史，正从金字塔的顶端俯视着你们！"

抛开延续了数千年的谣传不论，金字塔的起源确实没有确切的答案，但是很多考古学家认为它与古埃及人的信仰有着莫大的关系。迄今为止，所有延续了埃及文明的东西都与死亡有着千丝万缕的关联，死亡成为了古埃及宗教、文明发展的力量。古埃及人认为，人的一生何其短暂，唯有死亡才是永恒的真谛，只要保管好尸体，就能获得永久的生命。每个古埃及人在一生之中都在虔诚地期盼死亡的来临，古埃及的君主们开始兴建巨大的陵墓来

蓝天白云下，3座巨大的金字塔矗立于黄沙之上，在它们面前一切都是那么渺小。

保存他们的尸体，于是金字塔应运而生。

在数千年的漫长时光中，兴盛一时的古埃及王朝随着岁月一个个陨落，泯灭在历史的尘埃中，唯有金字塔作为古埃及文明的最后见证长存于世。在近代数百年的时间里，人们对这些古老建筑的探索一直没有停下。早在19世纪和20世纪早期，探索者和考古学家们就展开了研究，然而他们找遍了金字塔，也没发现法老的木乃伊。法老的尸体去哪里了？在随后被发现的金字塔里，也依然没发现法老的木乃伊，探密金字塔的线索被无情剪断，一团巨大的疑云开始升起来——难道金字塔并不是法老的陵墓？

1923年，英国考古学家霍华德·卡特发掘到了法老图坦卡蒙的坟墓，他和他的队员们在金字塔里发现了大量华贵的陪葬品以及一个刻有古埃及文字的石刻板，上面刻着："无论是谁，只要打扰了法老的宁静，死神将在他头上降临。"不久后，他们在金字塔附近的国王谷找到了图坦卡蒙的木乃伊。国王谷的发现让人们心里的疑云渐渐散去，人们开始相信，金字塔至少是作为法老的衣冠冢被修建，而木乃伊却藏在其他地方以免于盗墓贼的侵扰。然而离奇的事情却接踵而至，曾经进入过图坦卡蒙金字塔的考古学家们一个接一个莫名死去，甚至连没有直接参与的相关者也无法逃脱死亡的厄运！这一事件引起了诸多关于咒语的荒谬猜

古老的画作上绘着古埃及人的宫廷生活。

法老的木乃伊和雕像至今仍然栩栩如生，是否有一天法老真的会掀开层层裹尸布复活呢？

测，甚至有人认为那块石板就是法老的诅咒，现在它开始向侵扰他的人复仇了！

这究竟是不是法老的诅咒，人们没办法在金字塔中寻找到答案，这些静默在数千年光阴中的忠实守卫，依旧沉默着把数不清的秘密带向未来无垠的时光中。唯有亲手抚摸那些沧桑的岩石，才能表达我们深切的敬意。

胡夫金字塔是古埃及第四王朝第二代君主胡夫的陵墓，高146.7米，塔基边长为227米，它是迄今为止世界上最大的单体建筑。然而让人难以想象的是，在建造胡夫金字塔的时候，所用的230多万块石灰岩石，没有一块添加了黏着剂，仅靠石块本身严丝密合，层层叠加而成。海夫拉金字塔稍小，高143.5米，底边长215.25米；门卡乌拉的金字塔在3座中最小，高只有66.4米，底边长108.04米，3座金字塔排列成一条伸向东北方的斜线，与4000多年前猎户座腰上的3颗星星遥遥对应。

在金字塔修建之初，两侧原本还有一上一下的两个神庙，上神庙用来制作木乃伊的面具和器具，下神庙则专门用来制作木乃伊。然而数千年的风霜侵蚀，让神庙渐渐泯灭在时光中，如今，只有海夫拉金字塔还残留有神庙的遗迹。举世闻名的狮身人面像斯芬克斯，也在海夫拉金字塔前静卧着。相传斯芬克斯是用海夫拉金字塔剩余的石料雕琢而成，头是海夫拉法老的头，而身躯则雕成了象征地下世界守护者的狮子，4000多年过去了，岁月的风沙将它摧残得遍体鳞伤，皇冠、圣蛇、长须都已遗失，但是斯芬克斯依旧忠诚地守卫着法老的陵墓，不曾离去。

胡夫金字塔的四周，整齐地排列着第四、五王朝的贵族平顶石墓，宛如众星拱月一般，衬托出胡夫金字塔无与伦比的气势，但是为什么只有法老王的坟墓要建成金字塔状呢？最初，法老的陵墓和其他人一样，是一种叫做"马斯塔巴"的泥砖建成的长方形墓穴，后来随着时间的推移，陵墓的设计方案也被不断修改，建造材料也增加了玄武岩和花岗石。最终，一个叫伊姆荷太普的年轻人将墓穴建成了六级的梯形状，这就是金字塔的雏形。当站在墓穴的棱角线从下往上看的时候，金字塔仿佛从太阳上洒下来的光芒。于是法老们认为，金字塔就是通往上天的天梯，由此可以飞升上天。

走近胡夫金字塔，可以清晰地感受到岁月的沧桑变化，胡夫金字塔入口处覆盖着一块巨大的石灰石，将墓室与外界隔绝。

狮身人面像仿佛是忠实的守卫，静静地守护着法老们的巨大陵墓。

数千年的风沙让金字塔侧面的神庙也饱经风霜，但是内部的雕刻依然非常细致。

入口后有一上一下两个狭长的通道，一眼望不到头的深邃黑暗让人不禁揣测通道的尽头是否真是传说中的地下世界。向下的通道约60米长，通往地底深处，尽头是一间密室。而向上的通道通往一条长廊，只有一米宽，因为没有阶梯的存在，所有想要爬上去只有手脚并用。长廊在尽头分为两条，水平方向的通往王后的墓室，而向上的通道则通往胡夫的墓室。

胡夫的墓室修建得相当宏大，虽然其中只有一具褐色花岗岩制成的空石棺，但辉煌如斯的第四王朝法老的墓室，或许根本就不需要多余的装饰。墓室上方还有5层用大理石修建的房间，最高的一层顶盖成三角形，将重量均匀地分摊到两边，如此巧妙的建筑设计，充分体现了古埃及人的智慧与力量。墓室南北两边有

两个正方形的通风甬道，一个指向猎户座，一个指向北极星，法老的灵魂则会从这两个甬道飞往天堂。

经过科学家考证，胡夫金字塔的设计体现出了古埃及人所拥有的精妙的天文学和数学知识。金字塔位于北纬29°58′51″，穿过它的子午线刚好把地球的陆地和海洋平均分成两部分；金字塔基座的4个角刚好指向东、南、西、北4个方向，误差不到2‰；金字塔原本的高度（146.7米）乘以10亿，约等于地球到太阳之间的距离……在金字塔内部，同样发生着令人不可思议的事：动物的尸体不会腐烂，而是会脱水成为木乃伊；珠玉宝石、金属制品也会常葆光泽……在没有精密仪器的时代，古埃及人是如何做到如此精细的演算的，金字塔到底拥有着何种神秘的力量？

几千年过去了，黄沙斑驳了金字塔的墙体，让它不可掩饰地带上了沧桑的气息，然而金字塔依然不可撼动地矗立于尼罗河西岸，亘古不变。就像一位考古学家说的那样："人类惧怕时间，而时间却惧怕金字塔。"

文/王锐 图/EastVillage

『 婆罗浮屠 』

浴火重现，佛陀与众生的往来图

佛说：欲界、色界、无色界三界均为迷界，唯有克服了三界，才能跨越迷界，在婆罗浮屠之巅获得涅槃。那座在热带雨林中迷失千年的佛塔，究竟有着怎样超脱轮回的力量？婆罗浮屠之巅，是否真有佛陀在纷纷扬扬的曼荼罗花雨中，拈花微笑？

黎明时分，一望无际的椰林仍在朦胧的晨雾笼罩下沉睡，而在东方，默拉皮火山那优雅的廓影背后已是金光万道。当第一缕阳光倾洒在婆罗浮屠塔里那些面朝旭日的佛陀石像身上时，整个大地才欣欣然苏醒。沉睡千年的婆罗浮屠塔，是否已在漫长的轮回中醒来？合十端坐的佛陀石像，又在沉思中悟出了怎样的前世今生？

关于婆罗浮屠，要追溯到公元8世纪的爪哇国。这个强盛的王国正处在夏连特王朝的统治之下，当时国内佛教蔚然成风，传教的僧侣比比皆是，寺庙的梵音响彻穿霄，一派佛国圣境的景象。而夏连特王朝的君主更是一位虔诚的佛教信徒，为了供奉释迦牟尼的舍利，国王在佛陀智慧之光的引导下，召集了成千上万的工人、工匠、雕刻师和艺术家，采用最先进的建筑艺术，历时75年终于在爪哇岛中部默拉皮火山山麓建造了一座恢弘庄严的佛塔，名为"婆罗浮屠"，即"山丘上的佛塔"之意。在大乘佛教的教义中，人生有三界：欲界、色界、无色界，此三界均属于迷界。唯有刻苦修炼，才能层层克服欲、色、无色三界，从而走出迷界，达到涅槃的最高境界。而婆罗浮屠正是按照"三界"说建立起来的佛塔。从高空俯瞰，婆罗浮屠恰似一朵绽放的曼荼罗花，在每个信徒的心中洒下了安宁祥和的纷纷花雨。

　　婆罗浮屠是世界上最古老的佛塔，它不仅是大乘佛教的神圣代表，其精美的石刻和浮雕更具有极其重要的艺术价值，与中国的长城、古埃及的金字塔和柬埔寨的吴哥窟并称为古代东方四大奇迹。然后令人始料不及的是，这个杰作的寿命却异常短暂，朝拜的信徒随着时光的流逝逐年减少，不知何时起，婆罗浮屠已再无半点香火，这座恢弘壮丽的佛塔，仅仅在200年后的公元10世纪就被人抛弃在了记忆深处，任其悄然坍塌，被火山灰和丛林蚕食。有人认为当时的爪哇国改信了伊斯兰教，所以遗弃了作为佛教象征的婆罗浮屠；有人认为默拉皮火山的爆发导致了饥荒，人民不得不背井离乡。无论揣测如何，这始终是一个未解之谜。不过当地的人民却始终没有遗忘这座伟大的佛塔，然而随着时间

　　西边的晚霞将婆罗浮屠的佛塔染成一片晕红，在即将到来的暮色中，佛陀们会微笑俯瞰世相吗？

　　婆罗浮屠内部的浮雕极其活灵活现，仿佛下一秒钟就会从墙上跳下来似的。

流逝，其辉煌的传说却逐渐转变为了荒诞的诅咒。在当地历史的记载中，婆罗浮屠先后导致了对佛塔不敬的王国重臣和王子的死亡，使得佛塔一度成为了禁忌。

　　辉煌也好，诅咒也罢，在1000多年的光阴中，人们依旧对沉睡在丛林深处的婆罗浮屠不闻不问。直到19世纪，一位英国驻爪哇副总督开始研究爪哇国的历史，并在丛林深处找到了这座传说中的佛塔，随后又经过了数十年的挖掘，终于让婆罗浮屠重见天日。然而，虽然印度尼西亚政府不断对婆罗浮屠进行修缮重建，但它的命运似乎依然一波三折，伊斯兰激进分子先后几次用炸弹袭击了婆罗浮屠，使得它的部分建筑遭到了严重的损坏。不过，迟来的神迹终究还是临幸了婆罗浮屠，2006年，一场6.2级的地震将附近的城市损毁殆尽，而佛塔却奇迹般地安然无恙，婆罗浮屠中那些沉睡千年的佛陀们，在毁灭来临之际终于苏醒了吗？

婆罗浮屠位于默拉皮火山山麓一个长123米、宽113米的一座矩形小山丘上，周围环绕着4座火山。整座佛塔总共用了255万块岩石，底层用每块重约1吨的巨石铺就，总体积达5.5万立方米。塔底呈正方形，周长约120米，总面积将近1.5公顷。从远处眺望，可以看到婆罗浮屠顶端壮丽的主佛塔，整座建筑都围绕着这个主佛塔层层散开。

佛塔以当地火山岩建造，整个建筑为实心，塔共分10层，1层基座、5层方形平台、3层圆形平台和主塔，分别代表佛教中的"欲界"、"色界"和"无色界"，但具体划分说法不一。比较常见的观点认为：基座代表"欲界"，即充满各种欲望的现实世界，也称为"下界"；方形平台代表"色界"，即追求感官享受的世界；圆形平台代表"无色界"，即摆脱了形体，追求精神愉悦的世界；这三者就是我们常听说的"三界"。顶层圆塔代表消灭了一切欲望的极乐世界，也有一种说法认为是代表着释迦牟尼的涅槃。所以，由下到上的登塔过程就象征着一步步上升到更高境界，最终脱离三界轮回，进入西方极乐世界的过程。

每座塔内供奉一尊盘坐佛像，它们如星辰环绕，簇拥着圆台中央的主佛塔和塔内一尊未雕刻完工的主佛像，总共504尊（原505尊）。大小佛像，千姿百态，工艺精巧传神。佛塔布满浮雕，描绘佛陀的故事和当时人们生活习俗、花鸟和兽类等画面，构成一部"石头上的史诗"。

身在其中，不得不对婆罗浮屠宏大的工程、奇巧的构思以及精美绝伦的雕刻艺术赞叹。简直难以想象1000多年前的爪哇人是如何完成这项伟大的工程。婆罗浮屠的浮雕风格虽然有一些印度婆罗门教和东南亚佛教石刻艺术的痕迹，但与柬埔寨的吴哥窟，以及印度婆罗门教、佛教的石刻都有很大的差别，更多地表现出了爪哇人独特的审美追求和艺术旨趣。

稍近一些，就可以发现塔底四周有一堵巨大的防护墙，也许

戴着白色头巾的印尼妇女缓缓走过佛罗浮屠，留下两道背影。

是在建造佛塔时用来支撑佛塔的。防护墙掩盖了真正的基石或者说是"隐基脚"，隐基脚上饰有160幅浮雕。这些"看不见的"浮雕描述了人类无法摆脱的欲界。

　　站在最高一层俯瞰婆罗浮屠，它的主要结构由塔基和建在塔基上的五层方台组成，上部由三个圆台组成，最上面是一座高耸入云的通天塔。其中塔基1层，方台5层，代表大地；圆台3层，代表天空；通天塔1层，代表宇宙中最高的精神虚无的那一层次。这和中国传统文化中天圆地方的思想不谋而合，佛塔合起来为9＋1层，9为佛教的至高数字，而九九归一又是佛教和中国传统文化都具有的独特思想。

在婆罗浮屠，从大地到天空，从有形到无形，这种过渡是一种平和的过渡。它没有严格保持方形：每个方台的边缘都向外突出，打破了生硬的直角形状，这样也许是试图用建筑风格来打破朝拜者绕行时所产生的单调感觉。只有顶端的平台是一个真正圆形。

从婆罗浮屠的顶部仰望苍穹，一种"念天地之悠悠"的情愫突然在胸中萦绕，仿佛体会到了大乘佛法中宏伟无垠的宇宙观。传说在这里可以看到日夜闪烁的色彩千变万化的佛光，所以这座圣殿所有的佛像，都面对着罗盘仪上的4个方向，以仁慈而

远远望去，婆罗浮屠塔层次分明，流露出庄严气息。

佛陀面朝东方静坐，在千年的时光中亦未曾动摇。

明亮的眼光拥抱世界。不仅是这些佛塔，还有护墙上的凹角、小塔——这座大建筑物的最细微部分，无不面向天空，似乎想抓住过往飞云的气息。

　　虽然时光已经流过几千年，婆罗浮屠却依然孜孜不倦地向世人展示着人生的真谛，任何人只要通过修炼，克服"欲"、"色"、"无色"三界，最终都可以达到成佛的境界，这也就是佛陀所谓"万物皆有佛性"的道理吧。

文/王锐　图/Luciano

『 罗马斗兽场 』

帝国光荣与血腥的见证

只要罗马大斗兽场还耸立着，罗马就岿然不动。一旦斗兽场颓圮了，罗马也就倒下了；一旦罗马倒下，世界也就完了。这句话最初见于中世纪历史学家比德的著作。1818年，拜伦在《哈罗德公子的朝圣》中再次引用，使其脍炙人口。当然，这句话也成了罗马斗兽场重要性的最形象解读。

　　有人说，到罗马游览时走路都要当心，一不留神就会踩着古迹。的确，世界上没有哪座城市像罗马一样有如此众多的历史遗迹。不讲游人如织的教堂宫殿，不讲栩栩如生的街头雕塑，单说巍峨壮观的斗兽场，就足以让人体会其历史之厚重。

　　公元72年，罗马皇帝韦帕芗为庆祝征服耶路撒冷的胜利，命令强迫俘虏修建罗马斗兽场。罗马斗兽场又称弗拉维圆形剧场，由4万战俘花费8年时间建造起来。这座已有近2000年历史却依然巍然屹立的建筑物，曾是人兽角斗的场所。自斗兽场落成那天起，这里便成了奴隶主狂欢与奴隶们苦难的开始，日日浸满野蛮与血腥……

　　公元80年斗兽场竣工之时，在此举行了为期100天的落成表演。古罗马嗜血成性的君主和特权阶级，组织驱使5000头猛兽与3000名奴隶、战俘及罪犯上场表演残酷的斗殴。这场人与兽、人与人的流血厮杀在贵族老爷们狂热的叫喊声中煎熬着，直到所有鲜活的生命仰天悲吼着同归于尽。这样凄惨的"表演"并没有就

此结束，喜欢寻求刺激的奴隶主和
贵族们只要想欣赏，这"舞台"便
不得不上演血淋淋的场面，直到公
元404年最后一次决斗才算终止。
虽然有少数奴隶通过角斗从这里获
得了自由，而更多的则丧生于猛兽
之口。百余年的角斗史上，除了人
们不愿看到的血腥，也涌现出了数
不尽的为自由而战的传奇英雄。

　　"我就是斯巴达克斯！"面
对克拉苏的诱惑奴隶们齐声高喊。
电影《斯巴达克斯》中的这一幕想
必谁也不会忘记，奴隶们不畏强
暴、前仆后继求解放的斗争精神感
染着所有人。走入斗兽场，站在观
众席遥望表演区时，任谁都会在脑
海中勾勒出斯巴达克斯曾经与狮子
或者老虎竭力厮杀的场面：头戴铁
盔手持盾牌的斯巴达克斯，右手握
剑，瞬间矫健麻利地转过去身朝背
后猛兽的要害刺去，猛兽连一声喊
叫都没有便匆匆倒地。看台上10万
观众挤在一起，喧哗吵闹着犹如火
山在地下发出吼声，千万双手臂挥
舞着就像狂暴的海洋中汹涌可怕的
巨浪。斯巴达克斯胸膛急骤地起伏
着，大颗的汗珠沿着他那惨白的脸
颊滚下来，闪闪发光的眼睛里却燃
烧着胜利的喜悦……斗兽场内曾经
荡漾着贵族们的欢呼，可后人除了
钦佩这位英雄的勇敢与帅气，没有
一点娱乐的快感。因为这不是一场
公平的友谊赛，而是生与死的唯一

　　上图硬币中的人物
就是韦帕芗，古罗马皇帝
之一，罗马斗兽场就建于
他统治期间。

2000年的光阴荏苒，斗兽场早已青春不再，那些曾经的辉煌早已湮没在斑驳的砖墙下。

对搏……和电影不一样的是，历史上的斯巴达克斯确实是因战败被俘，却被送到卡普亚城的斗兽学校，在这里他和他的同伴发起了长达10多年的起义并多次战胜罗马军队，虽然斯巴达克斯最终战死，但其反抗奴隶体制的英雄事迹却是罗马斗兽场奴隶们的精神支柱。

风云一时的人物早已不再，光芒焰万丈的年代也早已尘封在史书之间。然而，写满岁月沧桑的城墙却依旧巍然屹立。立于残破但很雄伟的斗兽场前，仍能感受到它的磅礴气势。

气势逼人的斗兽场平面呈椭圆形，犹如两个对接的半圆形舞台。长轴188米，短轴156米。中间还有一个长轴为86米，短轴为54米的沙地，供角斗士和野兽搏斗用。庞大的建筑体占地面积为20000平方米，外墙高度57米，相当于19层楼房那么高。场内可以容纳107000名观众，堪比现代世界上最大的体育场的容量。60排座位被分成5个区，最下面一区是皇帝、主教、市长及官吏的特别席，第二、第三区是骑士和罗马公民的席位，第四区以上才是普通民众的席位，但也仅仅是一个只能站着观看的看台。

看台上下分为4层，下3层每层由80个砖石砌成的拱门相连而成。最高的第4层是廊柱，廊内也有座位。柱式从上到下分别是斯科林、爱奥尼亚、多立克柱式，这是对古希腊文明的传承与敬意。廊柱间连起的墙壁中间都有一个方窗似的突出部分，这些用来安插木棍支撑遮阳帆布，皇家舰队的水兵们像控制帆船那样撑起帆布帮助观众遮阳避雨甚至防寒。当遮阳帆布全部被撑起，这里俨然是一座带透明圆顶的竞技场。成千上万的观众们从第一层的80个拱门进入罗马斗兽场，再由160个出口顺着通道到达每一层的各级座位。有了如此便捷的出入口，即使是混乱失控的人群也能够被快速疏散，据说偌大的斗兽场在10分钟之内便可清空。

时光犹如刻刀，模糊了斗兽场的容颜，但残存的遗迹依然雄伟壮丽。

古老的斗兽场游人如织，如今它已成为了罗马的标志，吸引着全世界的目光。

形状几乎呈椭圆的斗兽场，东端是半圆形的，西端却是一条直线切下，横着一道连拱。那是一座拥有13道拱门的高大建筑物，中间那道拱门是主要的进出口，被叫做正门。角斗开始前，护送神像的行列从此门进场。其余12道拱门下的拱廊被当做马厩或"拱房"，若斗兽场举行战车比赛，那儿便成了安置车马的地方；若场上表演罗马人最喜爱的流血角斗时，那儿便是角斗士休憩及关押猛兽的地方。正门对面建造了一道凯旋门，那是凯旋者离场的地方，然而在其右侧还有一道门——"死门"，在角斗场上被打死或者快要死去的角斗士，他们鲜血淋漓的残缺肢体，被斗兽场内的工役们用长长的挠钩勾起，通过这道阴惨惨的门拖到场外……

斗兽场里面四周围着一道18尺高的墙，这堵墙被叫做"护墙"。沿墙掘着一道深沟，沟里曾经被灌满水，沟的外面还有一道铁栏杆。这一切都是为了保护观众，以防观众受到那些表演场上张牙舞爪咆哮逞凶的猛兽袭击。斗兽场表演区地底下还隐藏着迷宫一样的通道和笼子，每天这里都有数以百计的野兽和角斗士等待着决一死战。历史上，表演区还利用输水管道引水成湖模仿海战。如今，站在高高的残墙之上俯视，仿佛还能看到表演区内

蓝天白云之下，斑驳的斗兽场展现出一股古老而雄浑的气势，静静矗立在天地之间。

角斗士奋力大战猛兽的身影……

　　2000年来，饱经岁月侵蚀的斗兽场为何依然巍然屹立？这与它特殊的地基处理有关。斗兽场建筑在一个巨大的椭圆形地基上，整个地基由岩石和混凝土砌成，而地基上是承受负荷的石柱。庞大的地基构造又建立在尼禄湖泥土松软的湖床上，这样的设计有效地缓冲了地壳变动带来的震动，使地基受力均匀。如此巧妙而伟大的设计，想必它的设计者一定拥有高超技艺。然而，斗兽场的设计者的身份到如今依旧是一个谜。

　　昔日呐喊喧天的斗兽场如今只剩残垣断壁，黑漆漆的墙面透着岁月更替的沧桑，场中央也长满杂草，人们却心甘情愿地承认它是一座巨大惊人的建筑物。角斗士为取悦贵族与野兽殊死搏斗的场面，虽然也已化为"废墟"，但立身于斗兽场触摸到古物，却仍能感受到历史似真似幻的存在。游走在历史与现实之间，不自觉地对生命另有一番感悟……

文/高春花　图/Ant Clausen

『 卢瓦尔河谷城堡群 』

法兰西帝王们的香艳往事

有人说，若想完整地领略法兰西风情，两个地方是必去之处，一是巴黎，另一个就是卢瓦尔河谷。如果说多元文化汇聚的巴黎代表着法国的浪漫与前卫，那么，卢瓦尔河谷就是法国恬静古典的后花园。

卢瓦尔河，这条被称为"母亲河"的河流几乎横贯法国东西，将法国一分为二。回望人类文明历史长河，当金字塔、古罗马斗兽场沉沦为永远的文化遗迹与废墟的时候，卢瓦尔河沿岸的城堡群却铅华不褪，依旧保持着原有的自然风貌。驻足河岸，满眼柔美的绿色与清澈的河水，时间仿佛在这里停下了脚步，流动的只有飘逸的卢瓦尔河，还有那些国王与王后们的香艳传说……

卢瓦尔河谷两岸，不仅遍布着郁郁葱葱的葡萄树，香艳或朴素的古镇，更弥漫着最纯粹的法兰西风情。法兰西皇家历史并不止凝聚在它的某一个城市，而更多地沉淀在整个卢瓦尔河谷里一座又一座的城堡、宫殿和花园中。落日余晖洒在这片土地上，古堡掩映在绿丛中，宛如一幅美不胜收的油画。2000年，联合国教科文组织将沿卢瓦尔河长达250公里的350座历史遗迹列入了《世界遗产名录》。然而，卢瓦尔河谷到底有多少大大小小的古堡，又有谁真正数得清？封建贵族的殿堂、狩猎者的驿站、几百年前的皇家宫堡以及皇亲国戚、廷臣要员的豪宅遍布卢瓦尔河谷……

其中最显赫的有舍农索城堡、香波堡、舍维尼城堡和昂布瓦慈皇家城堡。

娴静的希尔河是卢瓦尔河的一条支流，阳光照耀下碧波荡漾。一座秀丽的3层长廊拦腰伫立在这条小河上，那就是美丽的舍农索城堡了。这座建于16世纪的水上城堡虽已古旧斑驳，但从门窗的图案工艺仍清晰可见当年的华丽与精致。城堡左右两翼分跨卢希尔河两岸，中间由五孔廊桥连接起来。这个天才的设想，是法兰西历史上著名的美人、法国国王亨利二世的情人戴安娜提出的。被五孔廊桥连接起来的城堡，外形犹如一只美丽的船，被人们亲切地称作"停泊在希尔河上的船"。城堡由主堡垒、长廊、平台和圆塔串联而成。

舍农索城堡是古堡群中最浪漫迷人的城堡。河水倒映出她优雅的侧影，端庄秀美、优雅妩媚，浓郁的文艺复兴风格令人如沐清风。那样清新，那样超凡脱俗，犹如一只雪白的天鹅悠闲地游弋在希尔河上。女子般含情脉脉的舍农索城堡本就是女子的杰作，它建于1513～1521年，是一位税务官精心为自己的妻子构筑

雪白的城堡掩映在蓝天白云碧草红花之间，宛如童话世界。

　　卢瓦尔河谷的城堡一度被当成国王的行宫，它们那华美的外表以及金碧辉煌的内部设施，无一不体现了最高的艺术水准。

的香巢。后来世事变迁，舍农索城堡为国王亨利二世所得，从此
这里住着国王的爱妃和贵妇人，流传下许多香艳缠绵的爱情故
事。于是，舍农索城堡又被叫做"香妃堡"。

1547年亨利二世即位，尽管他婆了一位出身名门的意大利
籍王后卡特琳·德·美第奇，却把自己的爱情给了著名的美女戴安
娜。当年的戴安娜虽已近中年，却因天生丽质而赢得了亨利二世
的宠爱，迷得国王在舍农索城堡与其花前月下暮暮朝朝，并将这
座幽雅空灵的城堡送给了她，也正是她以女性特有的细腻与敏
感，使得原来建在河边的城堡引出一座横跨希尔河的长桥，为日
后进一步扩建河上城堡奠定了基础。然而，1559年亨利二世在一
次比武大赛中丧命，卡特琳以正牌皇后的身份将失去依靠的戴安
娜赶出了城堡。在谈起这段香艳的皇家韵事时，法兰西人总是爱
使用这样一个句子："这座美丽的城堡，无法容忍两个女人的爱
情。"入住城堡之后，卡特琳下令在长桥之上建了两层长廊，这
锦上添花的一笔成就了舍农索城堡今日无穷的魅力。

城堡脚下是美丽的戴安娜花园和美第奇花园，宛如两幅图
案精美的地毯。另外，还有文艺复兴时期就存在的30公顷的葡萄
园，站在堡顶远望，眼前这一切都如梦如幻。而古堡内大量漂亮

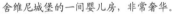
舍维尼城堡的一间婴儿房，非常奢华。

的锦缎挂毯，不仅带给人们美的视觉享受，更展现了文艺复兴到战争年代的历史进程。

香波堡是城堡群中最大的城堡，被称为卢瓦尔城堡中的"钻石"。城堡占地5400公顷，城堡内共有440个房间、84部楼梯、365个烟囱，繁冗的数字足以表明它的壮观。当与这庞然大物接触的一瞬间，任谁都会被它的威仪彻底震撼：365座高耸的尖顶直冲天际。林立的尖塔中，拜占庭式、哥特式和文艺复兴式的各种塔楼高耸错落。传说，昔日的城堡主人弗朗索瓦一世想借助它的力量让自己无限接近上帝；还有说法是因为他无可救药地爱上了当地一位姑娘，想修建一所美轮美奂的城堡作为他们的爱巢。1519年，国王弗朗索瓦一世在狩猎时被这块自由广阔、淹没在森林中的地方激发出灵感，决定在此修建狩猎行宫。然而，当弗朗索瓦一世去世时只完成了古堡的侧翼，后来亨利二世完成了古堡西翼及教堂二楼的建造，直到1658年路易十四时代香波堡的建造才全部完工。

达·芬奇是这座气势恢弘的城堡的设计者。他在城堡内创造性地设计了一部双螺旋楼梯，这精妙而滑稽的楼梯成为城堡最大的亮点。如今人们调侃说，如此设

半人高的窗户、幽深的小巷，城堡群处处都能看见美丽的风景。

计可以让国王的情人和妻子同时沿梯上下行走，却又不必相遇。

　　舍维尼城堡是丁丁历险开始的梦幻城堡，这座城堡更因为丁丁的到来而蜚声海外。所有的丁丁迷都知道这样一个城堡——莫兰萨堡，这个城堡的原型就是舍维尼城堡。埃尔热拿掉了舍维尼城堡的两翼，便成了漫画作品《丁丁历险记》中阿道克船长的宅子。灰蓝色的屋顶、粉白色的外墙和完美对称的建筑造型让人过目不忘，复古简约的建筑风格使其透出神秘气息，这也正是法国式建筑风格的开端。城堡为名门望族hurault家族所有，直到如今依然属私人所有。世袭的西加拉子爵和立贝耶侯爵家族还居住在此。因为城堡从未被废弃，城堡内的陈设几百年来一直美轮美奂，异彩纷呈。它拥有卢瓦尔河谷城堡群中最富丽豪华的家具，从餐厅、卧室、兵器室、画廊到专为接待国王、王后驾临的豪华寝室，无不独具匠心。

　　昂布瓦慈皇家城堡被视为法国人的"圆明园"，它曾是众多法国国王的御花园。这座巨大的皇家园林坐落在高低错落的城池上，默默俯瞰着缓缓流淌的卢瓦尔河，犹如一位健硕的男子守护

由于自然条件优厚，卢瓦尔河谷盛产优质葡萄。葡萄酒是当地特产。

一边是城堡，一边是清澈的河流，法兰西的往事在这里静静流淌。

着自己心爱的她。弗朗索瓦一世凭着对文艺复兴艺术的爱好，首次把意大利艺术风格引入到这座不同寻常的城堡。

沿城堡上行约700米是达·芬奇公园。这是一座典型的文艺复兴时期的粉红色的砖结构庄园，你能否想象达·芬奇在64岁时竟然骑着骡子，带着《蒙娜丽莎》、《圣母》等名作从意大利来到这里？走进他当时的卧室、工作间及砖石结构的厅室，触摸他发明的降落伞、飞行器、机关枪……仿佛走进了那个年代属于他的生活。这位文艺复兴时期的天才艺术家，在这里度过了他人生的最后3年，最终把自己深深地埋在这片土地里。

每当夕阳西下，暮色更为这方美地平添几分神秘色彩。卢瓦尔河谷的座座城堡，犹如丝绒般展现着沉着而华丽的气息。当埃及文明、巴比伦文明在历史的尘埃中悄无声息地沉寂时，饱经沧桑却依然低调奢华的城堡群仍努力彰显着法兰西文化的精华。无论到来的早晚，总可以轻易地捧一掬甜美纯粹的法兰西情怀……

文/高春花　图/Maugli

『 德古拉城堡 』

吸血鬼的聚集地，鲜血浇筑的爱恨情仇

它耸立于陡峭的山崖，满目苍凉，在惨淡的月光照耀下，更显凄冷。在这里，时光都停止了运转。这便是吸血鬼城堡的真实写照，在这座阴森古老的城堡内，是否真的盘踞着那些喜食人血的暗夜王者？

　　"我蒙上双眼，向魔鬼贡献我的灵魂来换取永生。我迷失在岁月的长河中，追寻你的足迹，可，当我找到你，却怎么忍心牵引你陷入万劫不复的地狱？我的上帝曾离开了我，而我也曾背弃了他，但爱使我们远离邪恶。"

　　在英国的维多利亚女王时代，受女王爱好浮华虚幻的影响，文学界掀起了一股神魔虚幻的风潮，在其影响之下，爱尔兰作家史托克的《吸血鬼德古拉》应运而生。此后，吸血鬼德古拉伯爵和他的城堡迅速风靡了全世界，并被《夜访吸血鬼》、《惊情四百年》等多部电影所引用。

　　吸血鬼德古拉是以罗马尼亚著名的大公弗拉德•德古拉为原型的。当时的罗马尼亚受到奥斯曼土耳其帝国的侵略，德古拉王子率军出战，而留守城堡的妻子伊丽莎白却被敌人挑拨，以为王子战死，遂自刎殉情。王子回来后发现爱妻已亡，但教会却不允许自杀的人入殓，盛怒之下的王子砍倒十字架，饮下沾染妻子鲜血的圣水，成为了永生的吸血鬼。后来这座城堡便在人们的传说

远远看去，红顶白墙德古拉鬼城堡透露出一股破败萧索的气息，德古拉伯爵的灵魂到底潜伏在何处呢？

中变得越来越神秘，成为了暗夜里吸血鬼的聚集地。暗夜下鬼魅的德古拉城堡，是吸血鬼的聚集地，在这里，你只能选择放弃自己的生命，或是在鲜血里堕落……

德古拉城堡原名布朗城堡，位于罗马尼亚中西部布拉索夫市的一座120多米高的山尖之上，四周悬崖峭壁，地势陡峭，只有面向峡谷的一面稍微平缓，一条蜿蜒小路连接上下。城堡原本是匈牙利国王在1377年时为抵御奥斯曼土耳其帝国的进攻所建，后被赠予罗马尼亚公国，1456年，弗拉德•德古拉王子继任罗马尼亚瓦拉西亚公国大公，正式成为城堡的主人。

　　其实历史上的德古拉大公并不是传说中那个残忍恐怖的吸血鬼，甚至从某些方面来说，他还是一个保持了治下之地独立的英雄。德古拉自继位以来，一直致力于稳定公国政权、维护社会秩序，并努力恢复经济，整顿军队，瓦拉西亚公国虽一直处于土耳其的强大阴影下，却仍然保持着可贵的独立。

　　这样的乱世君主必定是杀伐果决的，甚至说得上残忍。德古拉大公喜好以"木桩刑"来惩罚反对自己统治的人，无论是外国间谍、战俘，还是公国内的小偷、贪官，无论罪行深浅，一律被钉死在削得尖利的木桩上。真正令德古拉大公"吸血鬼"一名流传开来是在1462年的战役，当时德古拉大公被盟友背叛退逃至城堡，当土耳其大军追抵城下时，赫然见到被俘虏的2万多名士兵全部被剥光了衣服，活活地钉在削尖的木桩上，木桩环绕着城堡，长达1公里。那些钉死俘虏的木桩林立于尸首间，乌鸦和秃鹰不断地啄食这些死尸，空气中弥漫着浓烈的腐臭味。土耳其大军目睹了这令人毛骨悚然的情景，莫不心胆俱裂，被吓得纷纷逃离。这样残酷而血腥的刑罚让瓦拉西亚统治越来越稳固，却也给公民们留下了极大的阴影。也是在那一年，年仅31岁的德古拉大公战死沙场后，人们很快忘记了他的功德，只记得那些钉死了无数生命的木桩和浸染了一地的鲜血。于是德古拉在人们一代代的流传中变成了一个白天躺在城堡的棺材里睡觉、晚上出棺吸食人血的吸血鬼，德古拉城堡也变成了阴森恐怖的吸血鬼城堡。

　　各式各样吸血鬼题材的电影为德古拉城堡蒙上了层层神秘的面纱，激发人们的好奇心。

　　如今的城堡却丝毫没有传说中的恐怖。从峡谷一路蜿蜒而上，两边草木青葱，花影重重，仰望山顶的城堡，历经数百年沧桑岁月的城墙虽斑驳却依旧宏伟。据说从前城堡的城墙是没有门的，因为德古拉大公害人无数，怕有人溜进城堡伺机报复，便封堵了城堡大门，要想进入城堡只能走到城堡南边，沿着城墙上扔下的绳梯攀爬而上。19世纪之后，城堡渐渐开放为博物馆，为方便来客，才在面向山谷的一面开了一座大门。

　　城堡并没有想象中的高大繁华，有些墙面甚至已经开始剥落了白灰，露出淡黄的砖瓦。大部分的地方依然维持着原貌，一律饰以红瓦白墙，衬以黑色木梁。城堡内部有数个小型的天井，其中还有一口造型优雅的水井，虽然历史为之披上了沧桑的外衣，但周围的森森绿叶却为其添上了一丝幽凉沁人的气息，绿叶之中还点缀着三五红色小花，在一片碧绿之中绽放出盎然的生机。这些植物，在德古拉伯爵生前，是否是用鲜血来浇灌的呢？城堡内还有一座类似教堂的建筑，随着时光的历史，这座建筑早已斑驳不堪，但是外墙上耶稣受难的十字像却没有随着历史而风化褪色，这恐怕是城堡内最为神圣的物品了。

　　走进大厅里才知道，与其说这里是吸血鬼逞凶的幽暗地狱，倒不

　　半掩的大门，褪色的门环，使德古拉城堡充满了神秘的气息。

如说是个富丽堂皇的宫殿，和它稍显落魄的外观有着天壤之别。
虽大多房间已经空置，但门檐窗棂处的雕梁画栋，随风飘动的深
红丝绸帷幔，都可见当时的繁华。城堡的多数房间都被改成了陈
列室，陈列着14世纪以来各个时代的古董器物、乐器画作。城堡

城堡内部装潢得相当华丽，吸血鬼伯爵曾在这摆满佳肴的餐厅里用
装满鲜血的酒杯宴请过宾客吗？

内的家具制作得非常考究，墙上的挂毯五彩斑斓，甚至在一个大厅内还发现了巨大的管风琴，可以看出原主人是一个非常风雅的人物，虽然德古拉被人当做吸血鬼，但是他本身依然是一个贵族。你可以想象这样一个场景：月圆之夜，德古拉正在起居室宴请宾客，巨大的长条形餐桌上铺着制作精良的红色桌布，上面摆满了白色蜡烛和珍馐佳肴，在管风琴低沉而华丽的音色中，伯爵和宾客们共同举起了高脚杯，杯中荡漾着殷红的血液……只有一间武器陈列室，摆放着各式武器：远古时期的长矛、罗马尼亚公国的盔甲、各个时代的火枪、日本的长刀，泛着生冷的光，似乎在提醒这座城堡的真正性质——吸食鲜血的存在。

城堡内最具特色的便要数位于四方的四个角楼了，城堡原本是为了抵御土耳其人而建的，其军事功能的精华也是在此。角楼里或是存储着威力相当的炸药，或是装了活动地板的机关，或是专门向登入城堡的敌人泼洒热水的水炉，且四个角楼之间有细窄的走廊相连，两边皆是高墙，高墙上却又开了无数射击孔，既方便隐藏，又没有了射击死角。在走廊上，城堡四周的动静尽收眼底，连一只飞鸟都逃不过城堡主人的眼帘，这就形成了一个防守严密的战斗堡垒，实在是易守难攻。

城堡自建成后一直作为集军事、海关、当地行政管理、司法于一身的政治中心而存在，但在19世纪后，也许是世界渐趋和平，也许是世事沧桑变化，城堡渐渐失去了它的战略作用，只用作罗马尼亚布拉索夫市的市政厅，并在城堡附近设立一道关口，向过往行商收取关税。后几经辗转，1948年城堡收归罗马尼亚国有，并在8年修缮后作博物馆开放给公众使用。

夜色降临，城堡的游人慢慢散去，唯有小贩还在门口贩卖着与吸血鬼相关的纪念品，城堡的门口立着一座告示牌，写着"夜晚不得进入城堡"，这善意的提醒似乎却在隐隐约约告诉人们，夜晚，德古拉就会从棺材中醒来……

文/罗佳佳　图/Gargonia

『 仰光大金塔 』

地平线升腾起的金色神话

在缅甸仰光有一个地方，那里因引人遐思的典故而充满传奇色彩，那里因与神话传说形影相随而引人入胜，那里因造化垂青而雄伟壮丽、神圣庄严。美丽神秘得令人向往的地方就是大金塔，弥漫着让人痴迷震撼的气息……

　　"硕大、奇妙、通体镀金……它高高耸立，四条大路直通此处，沿路两旁果木林立。"早在16世纪伊丽莎白时代，旅行者拉尔夫·费奇就这样记录了仰光大金塔。300年后，英国作家拉迪亚德·吉卜林同样被金塔的雄伟华美所打动。正如他所写："一个金色的神话从地平线上升腾而起——一处美丽的奇迹在日光中闪烁，熠熠生辉，而其外形既不是穆斯林式穹顶，也不是印度寺庙的尖塔。它在绿色的大地上耸立……"

　　缅甸曾被称为宝塔之国，其中仰光大金塔最为宏伟。这座巨大的佛塔并不是孤立的圣碑，而是像金山一样高高耸立在一片塔尖成林的佛塔楼阁中。塔有4个入口，由围有护栏的阶梯通达。拾级而上才能到达金塔，放眼望去周围是低矮成行的尖塔、奇形怪状的雕像，还有身穿橘黄色长袍的僧侣。宝塔群占地5.6公顷，是一片光芒闪耀的建筑群。斯芬克斯、龙、神狮、大象等奇异的雕像熠熠生辉，散射着火红色和金黄色的光芒……就像英国作家索莫斯特·毛姆所描述的那样："这里寺庙佛塔众多，像

一名僧侣盘腿坐在大金塔前，是在合十祷告，还是陷入了深深的沉思？

大金塔内部的佛教雕塑同样金光耀眼，檀香的香气在空中化开，虔诚与信仰在缓缓酝酿。

是一座迷宫；树木繁茂，又像是一处丛林。一座庞然大物矗立其中，恰似一艘巨大的轮船，周围是或明或暗的灯塔，庄严而辉煌。这就是仰光大金塔。"

在不少的传说中记载此塔是2500年前建成的，而考古学家相信此塔是当地古老的部族孟族在公元6～10世纪建成的。然而，有佛教文献记载这塔在释迦牟尼死前（公元前486年）已建成了。因为与考古学家的意见有异，所以至今此问题仍颇具争议。在缅甸当地的民间传说中，关于这佛塔的故事则由一对遇见佛祖的兄弟开始的。传说，有两个缅甸兄弟，他们是旅行的客商，在恒河边遇到了年轻的释迦牟尼。那时释迦牟尼刚刚修得佛果。当时印度正发生饥荒，兄弟俩向他敬献蜜糕，他感于兄弟俩的恭敬虔诚，就赐给他们8根头发。然而其中4根在他们回家途中被偷了，当他们回到家打开匣子却发现那4根丢失的头发已经神奇地回来了。不仅如此，还有更神奇的事情发生：4根头发射出一道炫目的光线。刹那间，失明者重见光明，失聪者重拾听觉，失声者也能开口说话，而且大地震动，闪电即逝，天空中宝石纷落。后来，人们便将这8根头发同其他三件佛陀遗物——拘留孙佛的杖、正等觉金寂佛的净水器、迦叶佛的袍——藏于固达拉岗之上，其上放置金板，又建造起了镇于遗物之上的大金塔。

　　大金塔犹如一座燃烧着烈焰的金字塔，高高耸立在四角形和八角形层叠垒起的塔基上。塔基周长433米，塔身高度为112米，有30层楼那么高。塔身用砖砌成贴有金箔、像一口倒扣在地上的巨钟。塔基周围是64座小塔和4座中塔，全部由木石建成却又风格各异。大金塔是一座传统的佛塔建筑，黄金塔体挺拔起于硕大的球形基座上，高耸云天，越高越尖，形成典雅的塔尖，犹如一把镀金的"伞"。这个被人们称为"金伞"的塔顶镶有数千颗钻石、翡翠和宝石，周围悬挂着1065个金铃和420个银铃。起风的

　　大金塔内部的佛像雕塑栩栩如生，一派庄严。一位年老的僧人坐在佛像下面，参悟人生。

蓝天白云为大金塔布了一层非常合适的外景，使得大金塔显得越发神圣美丽。

日子，塔上的金铃银铃叮当作响，清脆柔美的铃音仿佛小姑娘哼出的轻快的歌儿。塔尖上还插着一杆宝石镶嵌的风信旗，旗顶冠以金球，金球缀有4000多颗钻石，其中最顶端的一颗名为Sein Bu的钻石重达76克拉，怎不叫人震撼？

金塔塔身线条简单而又顺畅优美，通体披金，与四周林立的低矮佛塔相映成趣。建筑群中间有提供给人们祷告的佛殿，佛殿金柱上雕刻着各式各样的浮雕，当室内模模糊糊的烛光轻轻摇曳，众佛像便笼罩在半明半暗的光线中，愈发显得神秘……除了寺庙、雕像和佛陀金像，这里还有8根"命运星辰指针"，指针指示罗盘方位，标示着一星期内的每一天，同时还标记与特定命运星辰相关的8种鸟兽，有鹏鸟、虎、狮、有牙象、无牙象、鼠、天竺鼠和龙，分别代表着星期日至星期六出生的人。假如指针恰好指向中央宝塔正东方，那么星期一出生的人就要在宝塔之东奉上祭品。而他们的"命运星辰"便是月亮，生肖为虎。为了使每星期有8天，星期三又被分为两个时段，从午夜开始至正午时分为一个时段，从正午时分再到下一个午夜则是另一个时段。

金塔西北角有一口25吨重的青铜钟，铸造于1778年。1824年第二次英缅战争后，英国人第一次占领仰光，这期间企图将古钟

　　光阴荏苒，岁月并没有带走大金塔的容颜，它依然在阳光下熠熠生辉，如此动人。

　　经仰光河运至加尔各答。然而它们错误地估计了巨钟的重量，途中巨钟沉进了仰光河。英国人没能把它打捞上来，缅甸人却成功地运用一排排竹竿使巨钟浮上水面，巨钟又安全回到仰光，被放置在大金塔旁边。缅甸人十分珍爱这口古钟，认为它是吉祥如意的象征。在民间流传着这样一种说法：如果连续敲钟三下，自己的愿望就能实现。人们每每来此参观，总是会兴致勃勃地拿起特制的木棒槌敲钟三下，默默许下自己心存已久的心愿……

　　暮色渐浓，灯光照耀下的大金塔散发出更加华丽的金色光芒，美得让人无法逼视。

　　仰光大金塔不只是一座圣碑，还是世界上最神圣的佛教道场之一。每逢节假日，很多人都到这里拜佛。人们进入佛塔时必须赤脚而行，就连国家元首也不例外，否则便会被视为对佛的最大不敬。公元11世纪左右，仰光大金塔开始载于史料。那时，它是一处世人皆知的佛教圣地。后来在接下来的几个世纪里，此地的统治者不断修葺扩建。信修浮女王建造了围墙和柱廊后，又下令将佛塔通体贴金，所贴金叶与其体重相当，达41公斤。1485年，达摩悉提王又赐予佛塔4倍于其体重的黄金，还竖起了3块碑石，其上分别用缅甸语、巴利语和孟加拉语镌刻佛塔历史。如今，我们仍然可以在其遗址处见到这些碑石，窥探到大金塔走过沧桑岁月的一步步脚印……

　　在帐篷式低矮佛殿的簇拥下，佛塔越显金碧辉煌。无论是在蓝天阳光下还是在皓月群星下，仰光大金塔总是毫无遮拦一览无余。它已成为一座纪念碑，一处缅甸旅游必到之处，一处地球上不可忽视的地标。它就像拉尔夫·费奇所赞美的那样："这应该是世界上最美的地方吧！"

文/高春花　图/Mortula

『 吴哥窟 』

在时光尘埃里沉睡四百年的神迹

此地庙宇之宏伟，远胜古希腊、罗马遗留给我们的一切，走出森森吴哥庙宇，重返人间，刹那间犹如从灿烂的文明堕入蛮荒。

　　所有的故事要从公元802年说起，能征善战的君主嘉亚娃曼二世统一了当时的高棉王国，他在洞里萨湖北岸定都，倾全国之力修建都城，并命名为"吴哥"。在随后的数个世纪里，吴哥人一代又一代挥洒着汗水与智慧，将吴哥城逐渐壮大。到了公元11世纪，吴哥王朝已然君临亚洲中南半岛，吴哥城内人民衣食无忧，宗教信仰蔚然成风，12世纪时，吴哥王朝国王苏耶跋摩二世希望兴建一座规模宏伟的石窟寺庙，来作为吴哥王朝的国都和国寺，于是举全国之力，前后历时37年，对吴哥窟进行修建。然而辉煌终究只是短暂的，1431年，吴哥城就在暹罗军队的入侵中沦陷，不仅建筑遭到了严重破坏，艺术精品更是被洗劫一空，那些精雕细琢的岁月，在这一刻被无情地画上了休止符。

　　岁月流逝，历史的车轮滚滚向前。被遗弃的吴哥，就这样被茫茫丛林逐渐吞噬，几百年无人知晓，直到19世纪。1861年1月，法国生物学家亨利·穆奥正在柬埔寨的原始森林里寻找热带动物，谁都不曾想到，一个埋藏了数个世纪的秘密就要被掀起面

吴哥窟石壁上的浮雕非常生动，反映出当时精湛的雕刻艺术。

纱：密林深处，竟隐藏着一群宏伟壮丽至极的建筑物和石像！它们完全被茂密的丛林所覆盖着，有的部分甚至还因为树根的侵蚀而分成了许多小块。这位生物学家被眼前壮丽的景象惊呆了。后来，他这样形容自己当时的感受："此地庙宇之宏伟，远胜古希腊、罗马遗留给我们的一切，走出森森吴哥庙宇，重返人间，刹那间犹如从灿烂的文明堕入蛮荒。"

从此，一个在热带丛林中沉睡了几个世纪的城市展现在世人面前。这么多年，吴哥窟默默屹立，见证了一个王朝的兴盛，也目睹了一个国家的没落。史事巨变、沧海桑田，若不是19世纪的那次无意发现，神奇的吴哥窟，不知要到何时才能重见天日。

通常说的"吴哥古迹"，包括两部分：吴哥王城和吴哥窟，宏伟壮观的吴哥古迹现存600多处，分布于茫茫丛林中，其建筑艺术的璀璨夺目，令人惊叹。在整个遗址中，吴哥窟是保存得最为完好的寺庙建筑，也是世界上最大的庙宇。今天，它的造型，已展现在柬埔寨王国的国旗上，足以可见吴哥窟在柬埔寨人心中的神圣地位。每每提起吴哥窟，人们总是会记起影片《花样年华》中的最后一幕：一个男人将无法对人倾诉，甚至连自己都难

　　吴哥窟附近的居民在惬意快乐地生活着，每年都有大量的情侣来这里拍婚纱照。

以面对的情感秘密告知给吴哥窟的一个石洞，再把石洞盖上，让发生的种种都就此尘封，幻化为永恒的回忆。

吴哥窟又称吴哥寺，原始的名字是Vrah Vishnulok，意为"毗湿奴的神殿"，中国古籍称之为"桑香佛舍"。吴哥窟以建筑宏伟和浮雕细致闻名于世，其巧夺天工的技术，不能不令人赞叹。它与中国的万里长城、埃及的金字塔、印度尼西亚的婆罗浮屠一起，被誉为东方四大奇迹。

吴哥窟的布局十分匀称，富有节奏。寺庙周长约5千米，周围环绕城池，城池内有两道围墙，以及一座方形的石城。从护城河、外郭围墙到中心建筑群，以横贯东西方向的中轴线为中心，呈现出对称和谐的美感。在吴哥窟，回廊纵横相连，层层叠套，自有一番宏伟森严的意味。可以说，全寺就是一件巨大的艺术杰作。

在吴哥古迹中，吴哥窟是唯一一座面向西边的寺庙。据说当初国王是为了供奉毗湿奴神。由于毗湿奴神的代表方向是西方，因此吴哥窟的大门便被设计为朝西的方向，以象征对毗湿奴神的崇拜。而吴哥窟主殿的5座宝塔，则与印度神话有关：相传，世界的中心是一座位于大海之中的高山，名为须弥山，乃众神仙居住之地。由此，宝

看着吴哥窟的佛像，心中总能充满一种宁静的感觉。

吴哥窟内的人身动物首的雕塑，它们尽责地守卫着吴哥窟，千百年来也没有离开半步。

塔的设计蓝图便诞生了。

吴哥窟的中心建筑群，是由大、中、小三个以长方形回廊所围绕的须弥座，按照外大内小、下大上小的规则，堆叠成三个围圈，各代表国王、婆罗门和月亮、毗湿奴。在圈的中心，矗立着五座莲花蓓蕾形的高塔，它们高耸云天，甚是雄伟，象征着印度神话中位于世界中心的须弥山。从高空俯瞰，这五座塔如同5点梅花，其中，以中央的一座最为高大。蓝天之下，当你仰望那拔地而起的高塔时，会被一种神圣感所包围。而那样的震撼与感动，不亲临其境不足以感受。或许也正因如此，这五塔被人们称为"天堂"，它们建立在重重叠叠的石条上，台阶陡峭，若想登上宝塔，就必须手脚并用地一步一步往上爬。而这，寓意着要到达天堂需要经历许多的艰辛与努力。

精美绝伦的吴哥窟，享有"雕刻出来的王城"之美誉。塔的四面，都雕刻有巨大的菩萨面形浮雕，称为四面佛。其四面各代表着慈、悲、喜、舍这4种无量之心。在塔的最底一层，800米长的墙面上，满是精美的浮雕，描绘的是印度著名梵文史诗《摩诃婆罗多》和《罗摩衍那》中的故事以及一些吴哥王朝的历史。还有不少婀娜多姿的人像雕刻，象征着仙女下凡，有的翩翩起

舞，有的拈花微笑，其表情、衣着也各不相同，流动着鲜活的生机，被誉作"东方的蒙娜丽莎"。塔身、塔顶、门楼等位置，都可见莲苞形石刻，总数多达万枚以上。穿行在吴哥窟中，更是能随时感受到雕刻艺术之美。柱子上、屋檐上、窗楣上、栏杆上、石墙上、基石上，处处都离不开精美的雕刻，而其题材大多都为毗湿奴神的传说故事。当然，也有一些世俗生活的场景。它们亦真亦幻，让人在现实与历史的交错中，感受着文化的厚重，也感受着一个世界的奇迹。

吴哥窟是人的杰作，但它的每处设计都体现着神性。置身其中，已难以分清自己是在神的领地还是人的空间。夕阳西下，吴哥窟在太阳的余晖中泛着淡金色的微光，更显出一种神圣与高贵。走在这片佛光普照的土地上，平和与淡然溢满心田，所有尘世的烦恼都化作烟云。一抬头，看到佛面嘴角微翘，双目微闭，正带着意味深长的笑容俯视众生……

岁月的风沙让这些佛陀雕像略显斑驳，但是依然能感受到一种神圣。

文/潘亮　图/javarman

『 马丘比丘古城 』

印加文明奇迹，在悬崖上屹立千年

我看见石砌的古老建筑物镶嵌在青翠的安第斯高峰之间，激流自风雨侵蚀了几百年的城堡奔腾下泄……一首《马丘比丘之巅》将古城细细描摹。虽然印加文明已经人去城空，但马丘比丘却在历史中绽放出慑人的光辉。

　　早在数千年前的远古时代，东方大地上的人类就已经用辛勤的双手让文明之花绽放，无论是中国，还是古埃及、古印度、古巴比伦，都在历史中占据着举足轻重的地位。然而在南美洲，印第安人用智慧和勤劳开创了不输于东方的强盛帝国，书写了一段波澜壮阔的文明史书。虽然印加文明在历史的进化中湮没，然而那一座座残留的古老建筑却无法被时光抹去。例如，在马丘比丘古城，能清晰地感受到印加文明的痕迹……

　　公元15世纪，大洋彼岸的印加帝国开始逐渐繁荣起来，在帝国统治者帕查库蒂的统治之下，印加帝国开始大规模垒石造房、修城建邦，马丘比丘古城也是同一时期的产物。然而和其他城邦所不同的是，马丘比丘并不是普通人居住的城市，而是贵族们休养和祭祀的场所，即使在印加帝国全盛时期，居住在这里的居民也没有超过750人。一旦到了雨季，贵族们也不会来马丘比丘，因此城内的居民就更少了。

　　在古印加人的信仰之中，太阳神是至高无上的存在，而在马丘比丘出土的木乃伊中，90％都是妇女，这证实了这个地方既不是普通人的聚居地，也不是军事重镇，最有可能的就是祭祀太阳神的神庙，城中大量的宗教性建筑也都为这一推论提供了有力的证据。为了供奉太阳神，古印加人每隔一段时间都会从贵族的家庭里挑选一些才貌出众的女孩，送到马丘比丘的神庙中，她们终生在此隐居，死了就葬在这里，而少数的男子则是专门为这些女性圣职者服务的。旱季的时候，帝国的统治阶层都会到马丘比丘进行祭祀活动，祈祷太阳神庇佑帝国繁荣昌盛；而到了雨季，这里就只剩下日复一日与晨钟暮鼓相伴的女人们，从青丝到白发。

在接近一个世纪的时间里，马丘比丘都安然隐于世外，因为它的位置是军事机密，所以并没有外人前来打扰。直到1532年，西班牙人来到了秘鲁，打败了印加帝国的军队，整个帝国崩溃灭亡，文明随之断层，那段仿佛被风化碎裂的历史，如今只有在厚重的史书里才能捕捉到它的蛛丝马迹，而马丘比丘虽未受到战火的波及，但也是一夜之间人去城空，在随后的几百年间，

马丘比丘逐渐淡出人们的记忆，乃至被遗忘。直到1911年，美国耶鲁大学历史教授海勒姆·宾加曼只身攀上悬崖峭壁，才在荒烟蔓草之间发现了这座失落的城市。

马丘比丘位于秘鲁境内库斯科城西北130公里处，一座海拔2000多米高山狭窄陡峭的山脊之上，古城三面皆是悬崖，只有南面一处出口可供出入。险要的地势让这座古城看起来既危险又神秘，而常年不散的浓云密雾，又给马丘比丘古城添了一层朦胧之态，越发地让人看不清当年印加文明是何等地繁荣辉煌。

若想看清这座"云雾中的城市"的全貌，非等云开雾散之时不可。马丘比丘古城共由三部分组成，分别是神圣区、南边的

通俗区、祭司和贵族区即居住区。整座城池内大约有140座建筑物，总占地面积约为13平方公里。建筑群外层是城墙，将众多建筑环绕其内。城墙内有庙宇、避难所、公园和居住区等，一应俱全。庙宇等建筑都在神圣区内，这是献给印加人崇拜的太阳神的建筑，主要有"太阳庙"、"三星之屋"等建筑。居住区中的一部分是贵族的专属建筑，印加帝国的智者们居住的房屋都有红色的围墙，而王子们居住的房屋则修建有梯形房间。这些房屋都整齐地排列在缓坡上，规划得十分合理，看起来极具美感。在主城堡内，还有一片区域修建了专门关押和惩戒犯人的监狱。此外，还有石头建造的纪念陵墓，这是举行宗教仪式和献祭牺牲的场所。陵墓内的空间呈拱形，在墙壁上刻有精美的雕刻。

城内的建筑物都是依山而建，彼此之间以层叠的石阶相连，远远看去，层次分明、错落有致，非常地壮观。在古城的中心，有一座空旷的露天广场，当时住在这里的印加人，很有可能就是在这里举行聚会的。以广场为中心的街道尽头，是这座城池唯一

千年的时光让马丘比丘变得无比地萧索，远方那张巨大的侧脸上也写满了寂寥。

从这里可以很好地眺望整个马丘比丘以及周围的群山，远处的山间腾起浓雾，非常壮观。

的出入口——光荣门。城门用大块的巨石砌成，森严肃穆，过了几个世纪，仿佛还在替印加遗民守候着最后的城池。

在古城的四周，层层叠叠，尽是规划整齐的梯田。在梯田的边缘处，全部用石头砌成矮小的围墙，将梯田围起来，这样做是为了防止水土流失。印加人独特的智慧，不仅使这座古城成为当时印加帝国的农业中心，时至今日，这里的土壤仍然非常肥沃，在山脊和山谷中的梯田，常年生长着茂盛的植物。不管是远眺这些生机勃勃的植被，还是置身于有着盎然生命力的草木之中，都仿佛能看到当年印加人穿梭于梯田之中辛勤劳作的情景。

马丘比丘古城中所有建筑物，都是以坚固漂亮的巨型花岗岩为材料建造而成。印加人认为不应该从大地上切削石料，因此他们只从附近寻找散落的石块来建城。印加人将这些坚硬的石块切成各种各样的形状，然后再把这些石块依照不同的角度，相互连接拼合，就像搭建积木一样建起一座座庙宇、公园、民居等建筑。

这样庞大的建筑群，全部依靠精准的切割、堆砌来完成，石头与石头之间严丝合缝，石块间最大的缝隙还不到1毫米，且丝毫不见泥灰浆的痕迹。考古学家发现，有的巨石竟多达33个角，每一个角都和毗邻的那块石头上相对的角紧密地结合在一起。最神奇的是，在经历了400多年的风吹雨打之后，城墙上的缝隙

　　生活在马丘比丘附近小镇的人们，他们至今仍然过着简朴但却快乐的日子，一只羊驼就是生活的全部。

依旧严密如初，甚至连一个小小的刀片也插不进去，实在令人称奇。试想，在那个蛮荒的时代，印加人如此高超的切割工艺、堆砌工艺水准，究竟是如何做到的？真是让人百思不得其解。

　　印加人信仰太阳神，城中的太阳神庙、拴日石、太阳塔、三窗寺等宗教建筑，无一不在证明着印加人对太阳狂热的崇拜。在

虽然马丘比丘古城早已人去城空，但这里却并没有寂寞下去，无论是动物还是植物，都把这里当成了自己的家园。

众多的建筑中，以拴日石最为出名。拴日石是一块经过精心雕刻的怪异石头，据说是印加人为了在冬至时，祈祷太阳早日回来而修建的。在印加信仰中，太阳神是一只燃烧的火鹰，印加人虔诚期盼着能用"拴日石"将这只日出苍山、暮息大海的火鹰永远留在天空之中，普照大地。据说每逢冬至这一天，只要站在马蹄形的太阳塔顶内，东面的一扇窗户前，便一整天都能看到阳光。

自从马丘比丘被发现的几个世纪以来，人们总是欣喜若狂地来到此地，妄图解开这座15世纪时期印加古城的秘密。这座城市是如何修建的？真的只是祭祀太阳神的神庙而无其他用处吗？缄默古城并没有给出答案，人们唯有通过这些无声的断壁残垣，去默默感受那曾经存在的辉煌。

文/董英男　图/paolo jacopo

『 伊斯坦布尔地下宫殿 』

埋藏地下的倾斜之泪

传说，在伊斯坦布尔地下宫殿，终年都会听到一股神秘的泪泪水声，千载不变。这座在地下埋藏了一千年的宫殿，冷眼旁观着世事变迁。直到被一对热恋的情侣发现，地下宫殿的吟唱才开始传遍世界。

  大约在400多年前，伊斯坦布尔老城相传着这样一个古老的故事：当地有一座因关押着恶魔而被神诅咒的地宫，这座宫殿内有一根布满了"倾斜的水滴"以及各种仿佛咒语般纹路的"泪柱"。若找到这根"泪柱"，就能治百病。

  或许大多数人只是将故事当成传说，然而却真有一对身患绝症的恋人信以为真，为了治病，他们在城中四处搜集关于地宫的资料，甚至细小到每一个蛛丝马迹都不放过。很长一段时间以后，他们找到了传说的源头：一个早已被荒烟蔓草所掩埋的狭小洞穴。然后当他们进去以后，却发现里面别有洞天。穹形屋顶、巨大的石林、精美的石雕，简直就是一座巨大而美轮美奂的宫殿。在随后的1544~1555年间，一群专程前来考察拜占庭遗迹的荷兰人对地宫展开了大规模地挖掘，并将之介绍给了西方世界，自此沉睡逾千年的伊斯坦布尔地下宫殿，庄严地呈现在了世人面前。

  这座被深埋地下的宫殿，有着怎样不为人知的秘密，度过了怎样的前世今生？

　　地下宫殿的修建者是古罗马帝国的查士丁尼大帝，他作为王国的唯一继承人，自幼就受到了精心的教育。查士丁尼35岁时便协助叔父掌理政务，担任帝国行政指导，9年后继承了叔父的权位，正式成为东罗马皇帝。和所有的国王一样，他认为应该为自己修建一座宏伟的宫殿，于是大兴土木。公元542年，在罗马军队凶狠的喝骂和皮鞭的驱赶下，7000名奴隶浩浩荡荡地从各地朝着伊斯坦布尔进发，在教堂的废墟上建成了这座浩大的地宫。说是地宫，其实更像一座水宫，皇帝曾经苦于在战时因被敌人围困而导致水源缺乏，所以建造地宫最初的目的只是为了蓄水，当

用马赛克拼成的查士丁尼大帝的画像栩栩如生。

地宫建成后，其存水量达到了10万吨之巨，足够全城的人喝一个月。随着时光的流逝，罗马帝国被奥斯曼土耳其帝国所灭，然而却因为奥斯曼苏丹不喜欢使用蓄水池，所以地下宫殿遭到了无情的遗弃，它的存在也被所知晓的人慢慢带进坟墓，销声匿迹，直到16世纪才重见天日。

1985年，地下宫殿被改建为伊斯坦布尔首都博物馆，用了近20年时间，才修整完成，正式对外开放。当时要在水宫中穿行只能用小船，后来为了方便游客参观，有关方面在低水位情况下，搭建了一条长长的石板长廊，使得人们可以很方便地在整个水宫中游览。观光游客或寻找浪漫，或探寻拜占庭的传奇，甚至有不少古典音乐家都想在此奏响美妙的旋律。风靡全球的电影《007》中的水上暗道就是在此取景，吸吮着它神秘的色彩。

地下宫殿就在圣索菲亚大教堂的边上不远，顺着迪宛路一直走，在绿荫拐角处的一间不起眼的小屋，便是地下水宫的入口。你一定不会相信就在这地下，却隐藏着神秘而巨大的"地下宫殿"。从这个很不起眼的入口沿着台阶缓缓向下。水滴滴落在水中或石柱表面，滴答滴答……像在耳旁窃窃私语。

宫里的空气潮湿凉爽，氤氲的水汽在一片暗红色的灯光下，使本已阴森的宫殿蒙上了一层神秘的气息。在宫殿黑暗的墙上，还有各种有趣的动态图片作为特别的装饰，有一些非常绿的树，在灯光的折射下散发出妖异的光芒，并在空气中微微摆动，让人有种不寒而栗的感觉。此时再环视宫殿，便会发现被冰冷湿气层层包裹的大厅显得更加阴森恐怖，对宫殿的敬畏之心逐渐加深。宫殿四面的砖墙上涂抹着厚厚的白灰浆，以防止池内的水往外渗漏。蓄水池上方的平台上摆放着很多圆形餐桌，供游人边用餐边观赏，品着特色的菜肴，观赏着古老的宫殿，在微凉的空气中让人产生了一种时空错乱的感觉，仿佛回到了古罗马时代。

地宫的蓄水池外部长约140米，宽约70米，高9米，都是由巨大的大理石柱子支撑着穹形屋顶，整个建筑沿袭古罗马建筑风格。沿着湿滑的石桥穿行在巨大的廊柱中，慢慢地深入宫殿，就能看到用于支撑宫殿的336根巨大科林斯式大石柱了，以及浅水里柱子的倒影，感受宫殿的庄严神秘。据说这300多根石柱均是从安塔托利亚地区的神殿中搬运过来的。其中最神秘的图案，当

属这些柱子上刻着的美丽的树
理及孔雀眼纹路的"泪柱"，雕
刻得非常细致精妙，很像倒流
的眼泪。在现代灯光技术精心
的安排下，年长日久泪柱闪现
着淡绿色的荧光。有考古学家
根据纹路猜测，这种柱子很可
能来当年伊斯坦布尔倍亚济
区的一处罗马帝国时代的集会
广场。

再向下走52级台阶，就可
以近距离接触这座巨大的水宫
了，它可以容纳80000立方米
的水。当时水宫中的水是由瓦
岚斯国王修建的引水渠从城北
几十公里外的森林中引入水宫
的。还会发现两个巨大的美杜
莎雕像头被压在北面的两根柱
子下，一个朝下，另一个则侧
脸向下，一个闭眼一个睁眼，
异常的神秘。为什么美杜莎雕
像头会被这样压在石柱下呢？
传说地下宫殿倒放一个侧放的
美杜莎雕像头，可以镇魔，以
防止有邪恶的生灵侵犯这座宫
殿。还有一种说法是，建造时
美杜莎头像上的巨柱不够长，
所以必须在柱底下再垫一个支
撑物。然而一些历史学家更愿
意相信，这是查士丁尼大帝用
压着蛇发女巫美杜莎头像宣示
国威，震慑外敌。这是他卓越
功勋的象征：打败波斯帝国，

地下宫殿的蓄水池，池水清
澈见底，鱼儿欢快地在这里畅游。
光阴老去，帝王将归尘土，只有它
们才是真正的主人。

被压在石柱下面的美杜莎雕像头部，据说当初是用来宣誓国威，震慑外敌的。

击溃汪达尔族，从哥特人手中收复了意大利、北非和西班牙的一部分，地中海也再次成为罗马的内湖……

如今水宫因年长日久，储存的水只剩下浅浅的一汪，大概只有50厘米高的水位。水里有悄无声息地游弋着的鱼群，仿佛是地下宫殿的精灵，洋洋得意地宣扬着他们才是这几千年里的主人，为地宫增添了几分生气。然而这样强盛的帝国依然有着血腥的一面，当初地宫建成后，所有参与修筑的奴隶都被用作祈祷神明庇护的祭品，永远埋葬在地宫之中。夕阳西下，暮色渐临，伊斯坦布尔的地下又唱起了宁静致远的歌谣。悠长而旷远地飘在老城的大街小巷，飘在伟大的民族的上空。在世界的角落里看一次这样的神迹何尝不是一场生命的奇迹，时光匆匆、物是人非……

文/余庆华　图/Fedor Selivanov

『 拉利贝拉岩石教堂 』

雕琢在火山岩上的信仰奇迹

究竟是怎样的力量，才能在如此巨大的火山岩上雕琢出一座座如此宏伟的奇迹。是上帝的庇佑还是国王的旨意？都不是，是人民信仰的力量。

走过北部高原开满鲜花的原野，穿过拉利贝拉村青苔蔓延的古道，岩石教堂群带着跨越800年时光的沧桑气息出现在眼前。斑驳冰凉的石壁上镌刻着无数岁月的印记，墙角潮湿处也遍布苔藓，然而其神性却没有被历史的尘埃消减分毫，它们默默地站在那里，千载不变。

拉利贝拉岩石教堂群位于埃塞俄比亚首都亚的斯亚贝巴以北350公里处，然而和一般教堂不同的是，岩石教堂拥有着不平凡的出身——它是在整块火山岩上一锤一斧敲凿出来的，这样的教堂，一共有11座。所以比起"拉利贝拉岩石教堂"这个普通名字，人们更愿意用充满信仰和荣耀色彩的"新耶路撒冷"、"非洲的奇迹"来称呼它。是的，岩石教堂本身就是一个奇迹，一个先民用智慧与信仰，在巨大的火山岩上雕琢出来的奇迹。而奇迹的开端，则要从遥远的公元12世纪开始说起。

公元1181年，岩石教堂未来的修建者——埃塞俄比亚扎格王朝第七代国王拉利贝拉呱呱坠地。这个被上帝眷顾的孩子从一出

生起就被一群蜜蜂围绕着，驱之不去，他的母亲认为那是儿子未来王权的象征，于是给他取名为"拉利贝拉"，意为"蜂宣告王权"。随着年岁的增长，拉利贝拉开始笃信基督教，并且在政治上锋芒毕露，当政的哥哥哈拜害怕拉利贝拉会夺取他的王位，遂给他灌下毒药，想置他于死地。不过上帝又一次眷顾了他，拉利贝拉并没有因此而死去，而是长睡了三天三夜。在梦中，上帝指引他到耶路撒冷朝圣，并降下神谕："在埃塞俄比亚建造一座新的耶路撒冷城，并要用一整块石头建造教堂。"拉利贝拉醒来后按照神谕，集合了5000名工匠、建筑师、手工艺人，浩浩荡荡地朝着北部海拔2600米的岩石高原进发。

与一般教堂的华丽不同，岩石教堂的内部较为朴素，然而信仰却未曾被磨灭。

教堂的建造过程非常艰辛，在没有现代化机械设备的情况下，在整块岩石上开凿建筑几乎是一项不可能完成的任务。人们首先刮掉覆盖在岩层上的泥土，然后在岩层顶垂直向下凿出数个几十米的大石沟，将整块岩石从岩层里脱离出来，先造出教堂的外形，然后再一点一点地将内部结构和装饰雕琢出来。碎石则通过教堂的门窗等开口搬运出去，而他们使用的工具很简单——用镐和杠杆挖掘，用凿子和斧头进行雕刻。在修建过程中，不断有老人死去，不断有年轻人加入，一代代人秉承着信仰，历时24

　　大量的绘画以及包着白色头巾的教徒，构成了岩石教堂的全部生命。在这里，虔诚的种子在生根发芽。

年终于用汗水与智慧开凿出了11座岩石教堂。

　　从此以后，这里成为了埃塞俄比亚人的圣地，日日受着教徒的顶礼膜拜。在每年1月7日的圣诞节，这里还会举行盛大而隆重的宗教祭奠。节日当天，教堂周围的岩壁上挤满了人，男女均着盛装出席。人们虔诚地聆听着祭司的说教，并分享祝圣过的圣水。夜晚，星星点点的烛火为岩石教堂披上圣洁的光辉，人们唱诗、祈祷，并夜宿在这里，整个活动会持续3天。然而1221年拉利贝拉国王去世，岩石教堂就被渐渐遗忘，湮没于深山密林之中，直到1977年才重见天日。

拉利贝拉岩石教堂群一共包括11个中世纪风格的教堂，它们散落在深约7～15米，四周被岩石包围的巨大深坑中，水平看过去，这些教堂仿佛隐于地平线之下，只有走近俯视，才能感受到它们的壮观神圣。11座岩石教堂大致分为3群，彼此间通过地道和回廊相连，4个相对较大的教堂是由整块巨石开凿而成，其余的要么是用半块岩石开凿，要么直接开凿在地下。教堂的雕刻有很强的艺术性和整体性，从穹顶、天花板、拱门、窗户，一直延伸到地板、门和基石，整个教堂都被雕刻所覆盖。而教堂的排水系统也非常发达，因为埃塞俄比亚的雨季非常漫长，所以为了使雨水能够通畅地被排掉，教堂附近的地面都呈轻微的倾斜状，而建筑的突出部分，如屋顶、檐沟、飞檐、窗户等部分都会随雨水的方向而略微倾斜。岩石教堂浩繁的工程量和精巧的设计不仅是埃塞俄比亚人民智慧的体现，也是基督文化在埃塞俄比亚繁荣发展的产物。

在教堂群中最引人注目的，恐怕非耶稣基督教堂莫属了。它

岩石教堂斑驳的石头拱门与老旧的民族大鼓，鼓声已经在拉利贝拉响彻了800多年。

长33米，宽23米，高11米，是埃塞俄比亚唯一一个拥有5个正殿的教堂。教堂里面向东、南、北三面各有一条大道直通内部。而内部的格局则是典型的长方形廊柱大厅式基督教堂，东西走向，28根笔直排列的支柱支撑起教堂的半圆形拱顶，每根石柱上都雕有精美的图案。教堂的屋顶为阿克苏姆式尖顶，窗棂也镂雕成阿克苏姆的风格式样，埃塞俄比亚古老的阿克苏姆文化在这里得到了很好的体现和保存。

位于耶稣基督教堂旁边的是面积稍小一些的圣玛利亚教堂。圣玛利亚教堂高约9米，里面有3个正殿，窗户也是阿克苏姆的风

岩石教堂外，一名教徒拄着拐杖朝着门内走去。

格。教堂内部的装饰非常精致，从上到下都覆盖着几何图案和凤凰、孔雀、大象等动物的绘画以及按照《福音书》所描绘的耶稣和玛利亚生活场景的壁画，虽然大多数已经损坏，但依然属于难得的珍品。教堂内的中央石柱一直用布包裹着，这是因为人们相信耶稣基督曾来过这里，并抚摸过这根柱子，并且人类的过去和未来都被写在这根柱子上，所以它必须被遮住，以免被世俗之人看到，惹来无妄之灾。

教堂群里造型最为特殊的就是圣乔治教堂了，这也是拉利贝拉唯一被凿成十字架形状的教堂。圣乔治教堂坐落于约23米深的岩石坑内，由地下通道与其他教堂相连，仿佛一根根细密的血管。圣乔治教堂的内部装饰和陈设都极为朴素和庄严，这是因为教堂的设计者认为如果装饰太过华丽，会掩盖教堂原本的和谐与神圣。站在教堂外的岩壁上俯瞰，圣乔治教堂就如同一个巨大的十字架矗立于苍茫的大地之上。

耶稣基督教堂群附近还有一个教堂群，由圣迈克尔教堂、各各他教堂和三位一体教堂组成，其中圣迈克尔教堂最大。而各各他教堂中则供奉着耶稣受难像，其壁龛中还有一个基督墓。穿过各各他教堂可以看到一个呈不规则四边形的小教堂，里面供奉着圣子、圣父和圣灵。除了11个教堂之外，拉利贝拉还散布着一些零星的教堂遗址，可想而知，如果拉利贝拉国王的遗志被代代传承，那么几百年光阴的雕琢毫无疑问会将这里锻造成为另一个耶路撒冷。

拉利贝拉岩石教堂是扎格王朝建筑史上的丰碑，也是埃塞俄比亚人信仰的见证与延续。如今，1000多名传教士在这里侍奉着上帝。穿梭在各个地下通道与教堂之间，不时会与手握十字架低头前行的传教士擦肩而过，不同的人有着同样的虔诚。夕阳西下，苍凉的风缓缓拂过高原，洋溢着民俗特色的鼓声悠悠响起，与风纠缠着在教堂之间跌宕萦绕。此时此刻，沉默了数百年的岩石教堂仿佛活了过来，它们在述说着一个古老的故事，故事里有着谁也不曾知晓的前世今生。

文/王锐　图/trevor kittelty

『 红场 』

俄罗斯民族的灵魂家园

每个俄罗斯人来到红场，对它总有剪不断理还乱的记忆沉淀，只因这片土地之上，有着太多的民族悲欢故事，这里每个细节都是历史的宏大叙事……

　　算一算，红场已有500岁了，这座凝结着莫斯科历史的广场，处处弥漫着神圣而古老的气息。

　　时光回到15世纪末，当时的红场还只是个孕育在子宫中的婴孩，在沙皇伊凡三世的一声令下呱呱坠地。为发展经济，伊凡三世下令在莫斯科城东开拓城外工商区，于是这块无人问津的地区渐渐繁华热闹起来，商铺林立，无数商贩走卒往来吆喝，沙皇将此命名为"托儿格"，意为"集市"，这里就是红场的前身。几十年后不慎发生的一场大火，让红场冠上了"火灾广场"的别称。直到17世纪下半叶，才最终更名为"红场"。在古俄语中，"红"含有美丽的意思，直译为"美丽的广场"，然而美丽的背后却满含血泪交融的伤痛史。1812年，拿破仑的铁骑在俄罗斯叱咤风云，莫斯科也没能逃脱其战火的蹂躏，整个红场被焚烧殆尽，满目疮痍。然而莫斯科人民并没有放弃红场，战火熄灭后，人民开始重建红场，并将其拓宽，20世纪20年代，红场又与邻近的瓦西列夫斯基广场合二为一，形成现在的规模。

　　如今的红场呈长方形，南北长700米，东西宽130米，总面积90000余平方米，虽然面积只有天安门广场的1/5左右，但在国际上却有很高的知名度。莫斯科河绕红场而过，沿河漫步广场，人的思绪会沉浸于美丽的风景，以及属于红场及俄罗斯民族的厚重历史……

　　红场的一切代表了俄罗斯民族悠久的历史。在第二次世界大战那个战火纷飞的年代里，红场发出了人类有史以来反抗侵略抵御浩劫的最强音。1941年11月，正值莫斯科会战的关键时期，180多万德军，1 700多辆坦克，1 390多架飞机，14 000多门大炮，业已兵临莫斯科城下，形势万分危急。为了鼓舞士气，斯大林毅然决定：传统的十月革命节阅兵式照常在红场举行。在"拥有钢铁般意志的巨人"斯大林的号召下，年轻的士兵们告别心爱

　　偌大的红场上挤满了熙熙攘攘的人群，这个伟大的广场吸引着全世界的游人。

的"喀秋莎"，直接从阅兵广场开
赴前线。最终，苏联人创造"冬天
里的奇迹"，将入侵者赶出了家
园，取得了反法西斯战争的胜利。
此后的每一年，红场都会举行盛大
的阅兵式，以此来纪念反法西斯战
争的胜利。如今，经过多次修葺的
红场依然保留着原样，路面还是当
年的黑色长条石路，青光发亮，显
得整洁古朴而神圣。苏联和斯大林
都已经成为历史。斯大林也经历了
一个从领袖到争议人物的过程；然
而，在经历了苏联解体的动荡岁月
后，越来越多的俄罗斯人对他重新
充满敬仰……

　　红场南面的圣瓦西里大教堂，
是俄罗斯最漂亮的大教堂。这座教
堂是伊凡大帝为了纪念1552年战
胜喀山鞑靼军队而下令建筑的，
于1560年建成。教堂由9座塔式的
圆顶教堂组合而成，中间是一个
带大尖顶的教堂冠，8个带有不同
色彩和花纹的小圆顶错落有致地分
布在它周围。9个金色洋葱头状的
教堂顶各自独立，下部有曲折的信
道相连接。这座有着洋葱一样圆顶
的大教堂，被誉为"一个石头的神
话"，富于创意的形式、色彩与精
妙绝伦的结构完美结合，令人叹为
观止。据说，伊凡大帝为了使建筑
师再也不能造出比它更美的建筑，
完工之后，性格暴躁而残忍的伊凡
大帝挖去了建筑师的双眼。"美是

列宁、斯大林与苏
联卫国战争英雄朱可夫，
他们的事迹已经牢固地镶
嵌进红场的历史。

残酷的"，芭蕾舞的美源于演员畸形的双脚，而圣瓦西里大教堂的美却以建筑师的眼睛为代价……

教堂前建有米宁和波扎尔斯基雕像。这是俄罗斯人民为纪念他们1612年率领军队打败入侵的波兰军队而建造的。米宁原本是

矗立于红场的圣瓦西里大教堂。教堂的每座礼拜堂都有造型各异的洋葱式圆顶，色彩缤纷瑰丽，是俄罗斯的代表建筑。

一名商人，波扎尔斯基是当时的贵族，他们一起组织义勇军把波兰军队驱逐出俄国。雕像由伊凡·马尔特设计，用青铜制成，一个人站着右手指向远方，另一个坐着仰望天空，似乎是他们看到了莫斯科未来的光明……

红场的西面是列宁墓，每天都有络绎不绝的人们排队前去瞻仰列宁的遗容。据说，列宁陵墓由有着"苏联人民建筑师"称号的阿·舒舍夫设计，规模不是很大，也很简朴，却很厚重。它的设计风格有点像天安门两侧的观礼台，与整个红场建筑浑然一体。陵寝内光线很暗，全部光线都聚焦在列宁那张生动的脸上，这使得列宁宽阔的头额泛着睿智光芒。

列宁陵墓的后面，是闻名于世的克里姆林宫。有句俄罗斯谚语这样形容雄伟庄严的克里姆林宫："莫斯科大地上，唯见克里姆林宫高耸；克里姆林宫上，唯见摇摇苍穹。"史上享有无限尊崇的克里姆林宫，巍然矗立于红场上已有800余年，占地26公顷，有宫殿、教堂和办公大楼。这座庞大的建筑群体始建于14～17世纪，曾是历代沙皇的皇宫，是沙皇俄国和世俗权力的象征。在历史上起着防御功能，是宗教和政治活动中心。后来几经修缮扩建，如今面积达27.5万平方米。朱红色的宫墙高5～19米不等，上面有垛，宫墙的周围有20座塔楼，高低错落，显得雄伟壮观。绵延2235米的雉堞朱墙蜿蜒至莫斯科河畔，形成一个不规则的三角形，三角形的每个边有7座碉堡，共有钟楼20座。

克里姆林宫大礼堂位于克里姆林宫建筑群的中心位置，是莫斯科乃至俄罗斯最壮观的大礼堂。礼堂始建于1960年，1961年10月开始投入使用，总面积达60万平方米。这座白色乌拉尔大理石和玻璃结构的恢弘建筑，也是一座现代化的剧院，6000个舒适的坐席以主席台为中心呈半圆形向外辐射。

81米高的伊凡大钟楼是克里姆林宫中最高的建筑物，是古时候的信号台和瞭望台。钟楼两侧放有两件"镇宫之宝"：左侧是一门口径89厘米、重达40.6吨的大炮，右侧是一口硕大无比且掉了一角的大钟。这座大钟曾是世界上最大的钟，铸于18世纪30年代，重量超过203吨。钟楼建于16世纪初，原为三层，1600年增加至五层，并冠以金顶。从第三层往上开始逐渐变小，外貌呈八面棱体层叠状，每一棱面的拱形窗口均置有自鸣钟。若沿伊凡大

　　莫斯科郊外的白桦林。白桦树对于俄罗斯人相当于樱花对于日本人，这是他们的精神寄托。

举办于红场的莫斯科国际军事音乐节，红场上空烟花绽放，各国军旅英姿飒爽。

钟楼的台阶而上，登入塔楼之巅，莫斯科全景便一览无余。

多棱宫，是克里姆林宫中最古老的宫殿之一，也是克里姆林宫中唯一的民用建筑。多棱宫建于1487—1491年，如今依然矗立在广场的西面。虽然它被认为是意大利建筑风格的典范，在宫殿中心四棱台上的十字形楼板却有着自己的民族原型。严格的比例和立方体的容积使得多棱宫显得优美、简洁而清晰，由砖砌成的墙从东面开始就镶上了削成四面体的白石，多棱宫也由此得名。多棱宫广场面积有495平方米，中央的石柱雕刻有古希腊风格的饰物——鸟、兽等动物。柱子周围是铜制的镀金栅栏，上面放着几排烛台。墙的拐角处高高地摆放着皇帝的宝座，有四层台阶直通而上，展现着至高无上的皇权……

伟大的历史，加上精致的建筑艺术，渗透着红场迷人的魅力。红场的建筑艺术，也体现了俄罗斯建筑发展的曲折多变：从形成阶段的拜占庭风格建筑，到以多棱宫为代表的融合了拜占庭和俄罗斯本土风格的建筑，再到完全可以代表俄罗斯本土建筑艺术最高成就的圣瓦西里大教堂。这些不同的建筑风格，随着俄罗

红色宫墙的克里姆林宫与宫内黄顶白身的伊凡大帝钟楼，它是俄罗斯的代表建筑。

斯历史的发展而相继出现，它们本身也成了俄罗斯记忆的一部分。

很多人说，红场反映的正是俄罗斯本身，在其庄严的城墙之内所包含的"既是一部完整的俄罗斯民族史诗，又是俄罗斯人灵魂世界的曲折变化的真实写照"。每个俄罗斯人来到红场，对它总有剪不断理还乱的记忆沉淀，只因这片土地之上，有着太多的民族悲欢故事，这是历史的宏大叙事……

文/高春花　图/magicinfoto

『 万神殿 』

千年时光里的神秘庇佑

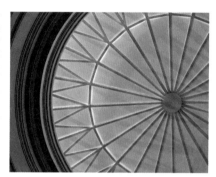

万神殿是迄今保存得最完整的古罗马帝国时期的建筑，这个圆形的庞然大物已经屹立了2000多年，而修建它的古罗马帝国早已泯灭，被历史的尘埃蚕食殆尽。

从威尼斯广场向北而行，穿过罗马老城区蜿蜒曲折的街道，一条石板小路走到尽头，眼前豁然开朗，也就到了万神殿所在的罗通多广场，即万神殿的前庭。广场中心有一座基座上雕刻着奢华精美的古罗马神话场景的方尖碑，静默守候着近在咫尺的万神殿。

万神殿是迄今保存得最完整的古罗马帝国时期的建筑，这个圆形的庞然大物已经屹立了2000多年，而修建它的古罗马帝国早已泯灭，被历史的尘埃蚕食殆尽。公元前27年，雄韬武略的奥古斯都大帝率军远征埃及，很快就将烽火燃遍了那个同样古老的国度，当其凯旋的那刻，第一任皇帝的桂冠也尘埃落定。为了庆祝，他的女婿阿里斯帕亲自组织了浩浩荡荡的工匠、雕刻师、建筑师一手建立起了这座神庙。为了表达对众神的尊敬，万神殿供奉着所有奥林匹斯山的神祇，不管是神王宙斯，还是智慧女神雅典娜、冥王哈迪斯，每一座神像都雕刻得栩栩如生，而万神殿亦成为连接人间与神域的通道，日日受着万民的膜拜。然而这座神殿却似乎并没有受到神祇们的临幸——仅仅在百余年后的公元80年，就毁于一场大火，仅剩下万神殿正前方的长方形柱廊，也就是而今所看到的万神殿的门廊。

虽然众神遗弃了万神殿，然而人民却没有遗忘它，这座凝结着人类智慧的艺术结晶终于在公元120年迎来了它的第二个春天。为了将万神殿修复，酷爱建筑的亚德里亚诺大帝昼夜赶工，亲自设计了图纸，为其重塑金身。整座建筑呈圆形，精美恢弘，诸神的神像环列于大厅的四壁，自然的光线柔和地洒在众神身上，信徒们的心里充满了虔诚和宁静。

时过境迁，罗马帝国终于分崩离析，万神殿又成为了拜占庭帝国的所有物。公元609年，万神殿平稳的岁月又泛起了一丝涟漪。拜占庭皇帝福卡将之送给教皇博尼法乔四世，教皇将这座用来供奉希腊众神的神殿改为供奉殉难圣母，并更名为"圣母与诸殉道者教堂"，所供奉的众神神像以及神人大战的铜像也被换掉，就连奥古斯都大帝和阿格里帕的雕像也不知所踪。然而祸兮，福之所倚，谁又能想到这样的结局却让万神殿躲过一劫。在整个中世纪，因为天主教的广泛普及，教皇拥有了至高无上的

万神殿埋葬着多位为其做过贡献的重要人物，每逢周末，这些长眠地底的人，或许依然能够感受到在主祭台做礼拜的人虔诚的心。

罗马式的门窗，精致漂亮。

权力，教皇和教廷贵族对"异教徒"和异教文明进行了疯狂的迫害和践踏。在这场持续几个世纪的劫难中，无数的文明成果遭遇毁灭，譬如罗马的大竞技场和一些公共浴场。而万神殿由于上述原因才幸免于难，局部的破坏虽未能幸免，但它依然是罗马众多建筑中保存得最完整的一座。

万神殿气势非凡，它门前的柱廊由16根柱子组成，正面横排有8根，后面分两排，每排各4根，均高达12米，是用整块的灰色花岗岩凿成，8根立柱支撑起一个拱形门楣，格外巍峨庄严。穿过门廊即神殿的入口，两扇青铜大门是至今犹存的原物，高7米，宽并且厚，乃是当时世界上最大的青铜门！万神殿内是一个巨大的圆形厅堂，下半部分为空心圆柱形，从高度一半的地方开始，上半部为球形的穹顶，地面的直径与厅堂的高度均为43米左右。穹顶的墙面厚度从根部的6米逐渐递减至顶部的1.5米，内壁被整齐划分为5排28格，每一个都被由上而下雕琢凹陷，这样的设计使得半球形的穹顶得以稳稳地扣在22米高的墙垣上。穹顶外围的半坡与加高的墙垣之间还建造了七级环形台阶相连，所以从高处俯瞰这个穹顶它并非半球状外形，却像是一个巨大的斗笠或者茶杯

　　万神殿的主祭台，摆放着一座耶稣受难像和5座精致的烛台，每逢天主教节日或者婚礼、礼拜日，人们都会来做祷告。

万神殿顶部的巨大穹顶是唯一的光源，当天光从圆孔中照射进来的时候，犹如圣光普照，令人心生虔诚。

盖。

大殿墙上没有窗户，但厅内阳光流泻，一片通明，唯一的光源来自穹顶。巨大的穹顶中间是一个直径约9米的圆孔，天光由此映照厅堂，宛如神的温柔目光的照拂。整个大厅如同一个开了天窗的巨大球体，天光由穹顶泻下，云影随时光静默移动。大厅的地面，是彩色的大理石镶嵌成的图案，光滑如镜。中央的地面有一些排列规则的小孔，这些都是排水孔，下雨时由穹顶泻下的雨水也就从这里流入建筑下面的下水道，地面无丝毫积水痕迹。这样精妙的建筑设计，需要何等的匠心独运才可达到，古罗马人在建筑艺术上的智慧由此可见一斑。

黑格尔曾说，一个民族总要有一些仰望星空的人，这个民族才有希望。如果这个民族所有人只是关心脚下的事物，那么这个民族是没有希望可言的。这句话，在罗马，在万神殿，拥有了最好的诠释。可以想象，入夜时分透过穹顶的窗口仰望苍穹，一定美得让人心颤，在这里总让人保有对宇宙和未知的虔诚与敬畏。

　　万神殿入口的礼拜堂的墙上有两幅著名的壁画，它们分别是意大利文艺复兴时期著名的画家和雕塑家弗尔利的《天使报喜》和邦奇的《圣托马斯的怀疑》，虽然过去了几百年，但是壁画依然保存完好，其浓郁的文艺复兴色彩仍未褪色。万神殿最里面是主祭台，台上铺着鲜红的祭台布和几盆常绿植物，台上还摆放着6座精致的烛台，烛台中间则放着一尊耶稣受难的十字架，当夜晚来临的时候，烛台上的白蜡烛就会被点燃，圣洁的光辉笼罩着万神殿。主祭台的前方摆了4排长椅，因为万神殿如今依然当做教堂来使用，所以每当天主教节日、婚礼和礼拜日的时候，人们都会坐在这些长椅上，或微笑祝福，或低头祈祷，而唱诗班神圣的歌声则会缓缓升起，在穹顶之上轻舞飞扬。

　　万神殿自文艺复兴时期便成为意大利艺术家和建筑师们的公墓，而在1870年意大利王国统一之后，它又成为埋葬国王遗骸的陵墓了。万神殿内的七座壁龛，分别供奉战神和恺撒等英雄，内侧面的小堂是文艺复兴时期为意大利带来荣耀的艺术家拉斐尔和为意大利统一做出了贡献的艾曼纽尔二世、温贝尔特一世等重要

　　文艺复兴时期的艺术家拉斐尔，为意大利统一作出了贡献的艾曼纽尔二世，以及温贝尔特一世都长眠于此。

　　万神殿的主祭台顶端的精美壁画、奥古斯都大帝和拉斐尔画像以及名画《圣托马斯的怀疑》。

人物的长眠之地。

　　拉斐尔生前为教堂创作许多壁画，在梵蒂冈的西斯廷教堂中，他的油画至今光彩夺目，与米开朗基罗的作品比肩而立。据说拉斐尔临终时曾向当时的教皇提出一个请求，希望自己死后能被秘密埋葬在万神殿，教皇答应了他。拉斐尔去世后人们一度找不到他公开的墓地。他被悄悄埋葬在万神殿的一角，没有墓碑。在万神殿的第五和第六礼拜堂之间也就是拉斐尔的长眠之地，这个隐蔽的灵寝低矮临壁，贴地而建，很难让人相信这里安睡的是文艺复兴三杰之一的伟大画家拉斐尔。灵寝上方是一尊"巨石圣母"雕像，乃是拉斐尔的弟子洛伦则托所创作。抱着圣子的圣

万神殿的大门以及门口的喷泉水池，一只黑色的鸽子停在喷水的石像头顶，静静地俯视着如织的游客。

母，悠远沉静的目光看着这个熙攘的尘世，眼神中的忧伤和怜悯是拉斐尔一贯所绘的圣母画中的优雅，慈爱的圣母静静守护着这位伟大的画家。当年罗马最有名的学者之一的红衣主教本博为拉斐尔写下的墓志铭至今依然清晰："此乃拉斐尔之墓。自然之母在其在世时，深恐被其征服；当其谢世之后，又恐随之而亡。"拉斐尔的墓前无人守陵，而前来瞻仰的人却比有守陵的皇家陵墓多许多。

万神殿从外部尤其是从侧面看，显得朴素甚至笨重，在庄严中透出几许拙气。但一旦进入那精美的廊门，其恢弘壮丽足以让人折服。尤其当阳光从穹顶倾泻下来，直洒到光滑明净的大理石上，一种圣洁之感油然而生。厅内的光线明暗交错，阳光在一块块地板上缓慢移动，仿佛看见了时光游走的痕迹……

文/王明净　图/posztos

『 枫丹白露宫 』

沉浮在800年王权史中的绝世风华

要想了解法国历史，与其读啃书本，还不如亲自来这里走一遍。诚如所言，枫丹白露宫凝缩了从中世纪封建时代的坎贝王朝，到拿破仑三世期间，法国800年历代王权的历史，堪称半部法国史书。

虽不及凡尔赛宫的宏伟壮丽和卢浮宫的艺术端庄，但枫丹白露宫却以淡雅大方的姿态领受着世人的仰慕。说起枫丹白露宫，恐怕大多数人都会第一时间被它曼妙优雅的名字所陶醉，这座位于法国北部的皇宫，总是给人以美的遐思，脑海中有摇曳的花丛树影、汩汩的清泉静湖、精美的楼阁雕塑，以及流逝在这里无尽美好的时光。在800年的光阴中，枫丹白露宫始终迈着华美轻灵的步伐，踏着历史的波涛一路逶迤，留下无数隽永的故事。

故事要从法国第六任国王——路易六世开始说起。路易六世在位期间颇有作为，他多次出征，摧毁了大批封建贵族的城堡，并大力发展城市公社，使得法国日渐繁荣，国力空前强盛。路易六世在位的最后一年，也就是公元1137年，他决定在北部马恩省的枫丹白露镇为自己修建一座华丽恢弘的行宫。然而同年，路易六世就去世了。路易六世的死并没有影响到行宫的修建，在后世历代君主的改建、扩建、装饰、修缮之下，枫丹白露宫愈加富丽堂皇。

枫丹白露宫的内部房间装饰得非常豪华精致，宫内很多地方都饰有皇室的徽记。

16世纪，文艺复兴的风潮刮遍了欧洲，在历史中沉寂许久的枫丹白露宫也赶上了时髦。1530年，弗朗索瓦一世决定大规模地改建枫丹白露宫，他邀请了意大利著名画家罗索和普里马蒂乔主持宫殿内部装饰，此外还有法国画家古尚、卡隆及雕塑家古戎等人参与设计。改头换面的枫丹白露宫将文艺复兴的风格和法国的传统艺术完美地结合在了一起，充满了意大利建筑的韵味，这种独具一格的艺术风格被称为"枫丹白露派"。

改建后的枫丹白露宫深得法国国王的喜爱，在此后的几百年间，亨利二世、亨利四世、路易十四、路易十五、路易十六都先后在这里住过，王室的婚丧大典、会客、狩猎都常在枫丹白露宫举行。这座宫殿犹如一位美丽的法国贵妇，将浅笑轻吟深藏在礼帽与面纱中，扬起纤纤素手优雅地接受着历代君主的宠信。

然而好景不长，17世纪凡尔赛的修建让枫丹白露宫日渐失宠，宫殿被岁月夺走了姿容，日趋破败，曾经华丽的居室因为久未住人而暗淡蒙尘。到了18世纪的法国大革命期间，政府为了筹措经费而将枫丹白露宫内的陈设逐一变卖，难道这座华丽一时的宫殿就要从此退出历史舞台了吗？就在这时，它幸运地遇到了拿破仑·波拿巴。1804年，拿破仑称帝，开始重建宫殿，包括中国馆在内的很多建筑都是拿破仑时代修建的。宫殿重修后，罗马教皇庇护七世亲自奔赴枫丹白露宫为拿破仑加冕。然而拿破仑的临幸并没有让枫丹白露宫摆脱一波三折的命运，仅在10年后的1814年，拿破仑就在这里签署了退位诏书，随即被流放到厄尔巴岛。此后的岁月里，枫丹白露宫风雨变幻，历经磨难：希特勒在这里摆过庆功宴；北大西洋公约组织在这里设过军事总部，直到1965年才撤出。自此，枫丹白露宫才真正摆脱了历史风云的漩涡，以历史博物馆的姿态走入了尘世。

枫丹白露宫位于巴黎东南65公里处的塞纳河畔。远远望去，一大片美丽雅致的园林环抱着一群意大利风格的宫殿，不仅风光如画，而且具有极高的艺术价值，被誉为"法国的建筑博物馆"。经过历代君主的不断扩建修缮，现在的枫丹白露宫的主体建筑包括一座主塔、六座王宫、五个院落和四个花园。徜徉庭院花园之间，绿树围绕的运河和澄澈如镜的鲤鱼池跃然眼前，池中鲤鱼游弋，天鹅引项，宛如一幅清静雅致的画卷。

枫丹白露宫周围有面积约为1.7万公顷的森林，橡树、柏

白马庭是枫丹白露宫最主要的入口，最里端古老的寺院建筑在夕阳的余晖中散发出柔和的光芒。

　　狄安娜花园内的狄安娜喷泉，它和鲤鱼池、白马庭一样，都是枫丹白露宫的标志。

树、白桦、山毛榉夹杂生长，郁郁葱葱，森林里鸟鸣阵阵，蝴蝶翩跹，常有不知名的小兽窜过，一派生机勃勃的样子。这里过去是皇家打猎、野餐的场所。在传说故事里，狮心王查理将这个森林给了绿林侠盗罗宾汉。漫步其中时，是否在脑海中重现了几百年前的传说呢？

　　白马庭是枫丹白露宫最主要的入口，正门朝西，长152米，宽112米，中间有4块田字形的草圃，最里端是一座古老的寺院建筑。白马庭这个名字，源于以前这里有一只白马铸像，但后来却遭到破坏，乃至封存。白马庭的正门屡经修改，现在所看到的颇具匠心的马蹄形台阶，就是修改后的结果。马蹄形台阶由两座灰色的对称着向外展开的弧形台阶所组成，形似马蹄，故而得名。相传拿破仑就是在这里发表了告别讲话，吻别了他的战士和军旗，在一片高呼"皇帝万岁"的悲壮送别声中，踏上了流放厄尔巴岛的旅程。因为这个典故，白马庭又称告别庭。

　　沿着白马庭下一条幽静的长廊，可以直接通到它背后的泉庭。泉庭四四方方，中间有一座中世纪风格、造型优雅别致的喷泉，泉水清澈，泛着淡蓝的光泽。泉庭边上就是著名的鲤鱼池了，池水泛着粼粼的波光，池中鲤鱼色彩斑斓，成群结队悠悠游弋。偶有几只白天鹅贴着水面飞过，池水便会铺开圈圈涟漪，树影、建筑的倒影都在水里微微晃动着，极是典雅。

　　室内装饰得最为华丽的就是历代国王和王后居住的大套间了。大套间包括庆典画廊、碟子长廊、教皇套间、国王套间、舞会大厅、弗朗索瓦一世长廊以及其他多个房间组成。庆典画廊和碟子长廊具有非常强烈的艺术氛围，里面的多幅油画真切地反映了枫丹白露宫内所发生的场景，包含着荣耀、欢乐与悲伤，其中最著名的是《1606年路易十三世的圣洗礼》、《1765年路易十五的儿子皇太子之死》、《拿破仑和教皇庇护七世在枫丹白露森林会面》等几幅。教皇套间一共有11个房间，由路易十三和路易十五的套房组成，后来因拿破仑在这里软禁教皇庇护七世而得名。教皇套间的陈设也非常华美，除了有《大流士的帐篷》等布织名画外，水晶吊灯、鎏金天花板、名贵挂毯应有尽有。国王套间是最为金碧辉煌的，除了陈设华丽外，还有"文艺复兴之瓶"等名贵艺术品。舞会大厅修建于弗朗索瓦一世时代，顾名思义，

泉庭是枫丹白露宫最为雅致的庭院，紧挨着美丽的鲤鱼池。

　　清澈的鲤鱼池波平如镜，池的正中心有一座精致湖心小屋，这是历代国王和王妃最为青睐的地方。

这幅画真实地还原了枫丹白露宫在数百年前的繁盛景象，它是法国皇家与高层的聚会场所。

是举办宫廷宴会和舞会的地方。护墙板的木材全部镀金，壁炉上饰有2个青铜神像，而壁炉前方就是国王的座位。

大套间里最出名的就是泉庭以北的弗朗索瓦一世长廊了。长廊是典型的"枫丹白露派"建筑，细木护壁、石膏浮雕和壁画相得益彰，堪称典范。长廊建于1544年，长64米，宽6米，高6米。整个下半部都镶有一圈2米高的金黄色细木雕刻作护壁，上半部雕刻着精美华丽的浮雕，除了白色外，有些还涂以金色或彩色。长廊每隔一段距离都摆放着一幅文艺复兴风格的名画，在浮雕的烘托下愈显名贵。长廊的天花板和护墙板都是用胡桃木制成的，由横梁分隔开来，上面都装饰有精美的图案。

走出弗朗索瓦一世长廊便是狄安娜花园。花园内树绿花红，芳草萋萋。中间有一座亨利四世时所修建的狄安娜喷泉，喷泉的造型非常特别，最下边的四方形大理石基座上，每一侧都有一只喷水的鹿头，基座上方是一个椭圆形的石台，台子旁边蹲着4只猎犬，造型非常逼真，仿佛随时都能活过来。石台上方则是身负弓箭的狄安娜女神，鹿头、猎犬、女神构成一幅生动的王家狩猎图。

泉庭以西是拿破仑所修建的中国馆。中国馆堪称西方的"圆明园"，因为圆明园里珍藏了大多数艺术精品，有历朝历代的字画、金玉首饰、牙雕、玉雕、瓷器、佛器等上千件艺术品。中国馆的大厅正面是镶满珠宝的座椅、屏风、宫扇，流露出浓厚的中国宫廷气息，左侧靠墙放着两只造型古朴的大多宝阁柜，透过柜

夕阳西下，暮色将运河的河面染成一片暗沉沉的金黄色，远处的枫丹白露宫只剩下一个漆黑的剪影，默默迎接着黑夜的来临。

子的玻璃，可以看到里面由珊瑚、田黄石、白玉等玉石所雕刻的精美饰品，此外还有商周时期的青铜器、华丽的贡瓷、皇冠等。馆内有一座木托碧玉插屏，上面刻着一篇乾隆皇帝六十大寿时举行百叟宴的文章，非常珍贵。馆内另一侧放着几只独立的展柜，里面则放着较为大型的艺术品，包括青铜器、雕塑等。

要说枫丹白露宫中最庄严肃穆的地方，那一定非弗朗索瓦一世长廊尽头的椭圆庭莫属。椭圆庭又称钟塔庭，这里保存着古老而凝重的圣路易纪念塔，纪念塔的历史可以追溯到路易七世的时代，而纪念塔以外的景致则是由弗朗索瓦一世重建的，是和纪念塔迥异的文艺复兴时期的建筑，风格不同、时代不同、文化不同的两种建筑却并不矛盾，反而相得益彰，让整座庭院看起来既典雅艺术又庄严凝重。

"要想了解法国历史，与其读啃书本，还不如亲自来这里走一遍"。诚如斯言，枫丹白露宫经历了800多年的风风雨雨，目睹了封建王朝的振兴和陨落，堪称半部法国史书……

文/王锐　图/Darja Vorontsova

『 卢浮宫 』

存放人类文明的永世明珠

拿破仑掌权的12年里，铁蹄几乎踏遍了整个欧洲，甚至伸向了亚洲和非洲，掠夺回几千吨的艺术品；对于拿破仑来说，每一幅天才的艺术品都必须属于法国，属于卢浮宫。

　　塞纳河从巴黎城中一路蜿蜒穿过，最终注入英吉利海峡之中。这条永远温顺如初的河流，自2000多年前便开始养育着一代又一代的巴黎人，最终将一个小小的渔村滋养成了享誉世界的时尚文化大都。

　　中国人将河南北以河阴、河阳而分，法国人却是分左岸、右岸。在法国人眼里，左岸是文化艺术的代表，是巴黎的文化重心所在，而右岸却是时尚、金融的代名词，可是谁也不能说在巴黎右岸的卢浮宫没有文化。如果说塞纳河是巴黎乃至法国的母亲，那么卢浮宫就是这位女子头上永世闪耀的明珠。卢浮宫始建于13世纪初，原本是菲利普·奥古斯特二世的皇宫城堡，宫殿原本是用作存放王室档案和皇帝私人珍藏的，后来历经800多年50多任国王的精雕细琢，逐渐演变成世界上最大最古老的博物馆之一。

　　1204年，十字军东征期间，为了拱卫塞纳河右岸的巴黎地区，菲利普·奥古斯特在塞纳河畔修建起了一座通向塞纳河的城堡，用以存放私人珍品，关押宠物和俘虏。从查理五世开始，卢浮宫逐渐成为皇室成员寻欢作乐之地，一座座高耸的塔楼平地而起，一间间华丽的屋宇并列而出。到查理五世时，也许是觉得塞纳河畔的卢浮宫比河中心的王宫要方便怡人得多，他将宫廷搬到了卢浮宫里，在此后的300多年里，一直作为法兰西王室的宫廷之地而存在。

也许是盛极必衰，1546年，弗朗西斯一世继承王位后，下令将原本的城堡拆毁殆尽，并在接下来的13年里，在宫殿的最东端修建了卡里庭院。为了彰显自己的功德，弗朗西斯一世请当时著名的画家为他描画了一幅肖像，挂在庭院大厅，供当世及后人瞻仰。这位喜爱意大利派画作的君主购买了不少意大利名家画作来装饰自己的庭院，《蒙娜丽莎》就是在这时入驻卢浮宫的。

1589年，波旁王朝开始了在法国的统治。当亨利四世登上王位之后，这位还算英明的君主立即主动结束了困扰法国多年的宗教战争，法国经济终于开始慢慢复苏。之后亨利四世开始了在卢浮宫最为壮观华丽的大作——修建连通杜乐丽宫的大画廊。这个长300米的艺术走廊凝聚了亨利四世和路易十三两代君主的心

夜幕下，卢浮宫和玻璃金字塔在彩灯的装饰下散发出迷幻的光芒，宛如童话的世界。

　　卢浮宫内珍藏着许多重要的艺术精品，不管是《断臂维纳斯》、《蒙娜丽莎》、《思想者》，还是《雅典娜》，无一不是价值连城。

血，高大的乔木遮天蔽日，圈养着无数动物供人游猎。

　　当法国最负盛名的"太阳王"路易十四入主卢浮宫后，这位喜好法国文艺复兴风格的君主毫不掩饰地将自己的爱好加诸卢浮宫的建筑上，他将宫殿修建成了一个正方形的庭院，并在庭院外修建了一个富丽堂皇的画廊。他穷尽毕生以一国之财力物力，购买欧洲各派的画作，以至于将国库都掏空了。1682年，法国宫廷移往凡尔赛宫，为了维持卢浮宫的盛况，路易十四将法兰西学院、文学院、绘画和雕塑学院、科学院纷纷迁进宫里，并让学者和艺术家入住宫闱，奠定了卢浮宫在艺术史上不可撼动的地位。

一对夫妻趴在石栏上，悠闲地眺望着底下的塞纳河，巴黎人的慢生活显露无余。

　　法国大革命后，国会一度建议将卢浮宫开放给民众，成为公共博物馆，但这种状况只维持了6年便结束了，拿破仑一世掌权后，搬进了卢浮宫。拿破仑是第一个以军事家的眼光来扩建卢浮宫的君主，他大肆扩建宫殿，增加宫殿两翼的防护，还修建了卡鲁索凯旋门，将原本显得精致浮华的艺术殿堂变成了庄严不可侵犯的皇家殿堂。在他掌权的12年里，铁蹄几乎踏遍了整个欧洲，甚至伸向了亚洲和非洲，掠夺回几千吨的艺术品，欧洲的、亚洲的、非洲的，画作、图书、雕塑……对于拿破仑来说，每一幅天才的艺术品都必须属于法国，属于卢浮宫。

　　到拿破仑三世时，这位政治家将他的疯狂在卢浮宫身上体现得淋漓尽致，他是有史以来接受投资最多的君主，于是5年内一口气建造出黎塞留庭院、得弄庭院等一系列建筑，还完成了3个多世纪以前的卢浮宫设计蓝图，修建起来的建筑比以往700多年的都要多。自此，卢浮宫建筑群完全向世人展开了全貌。

　　卢浮宫占地48000平方米，整个建筑呈U形排列，绵延680米。1981年，当时的法国总统弗朗索瓦密特朗邀请美籍华裔建筑师贝聿铭为博物馆设计建造了一个金字塔般的"任意门"。这个金字塔状的进出口一问世便造成了不小的轰动，它既是卢浮宫的新出口，也是卢浮宫一件新的艺术品。金字塔整个建筑都是用玻璃

一位撑着红伞的妇女正在远眺卢浮宫，细雨将卢浮宫和附近的地面清洗得纤尘不染。

筑成，高21.6米，四边长35米，采用不锈钢钢架支撑，由673块晶莹剔透的菱形玻璃拼成，金字塔东西南北四面各有一个小的金字塔，对着不同的展馆。游人可以直接从这里去到自己喜欢的展厅，而不必像以前那样去某个展厅必须经过其他的展厅。

宫殿里目前仍有40多万件展品。博物馆的管理人员将展品按照来源地和种类划分出六大展馆：东方艺术馆、古希腊及古罗马艺术馆、古埃及艺术馆、珍宝馆、绘画馆和雕塑馆。

东方艺术馆有24个展厅，共约3500件展品。这些展品主要来自西亚和北非地区，大多年代久远，有公元前2500年的雕像、公元前2270年的石刻、公元前2000年烧制的泥像等。在第四展厅，展示着一块巨大的黑色玄武岩石，上面刻有古老的楔形文字，这便是著名的《汉谟拉比法典》。整块岩石高2.5米，上部是坐着的司法之神向站着的汉谟拉比国王亲授法律的雕像，国王伸出右手答谢，以示对神授的法律表示尊敬，中部则是282条法令全文。

古埃及馆的历史更加久远，虽然展品只有350件左右，但因其年代久远，且来自最神秘的古埃及而显得愈发珍贵，展品包括古代尼罗河西岸居民使用的服饰、装饰物、玩具、乐器等，还有古埃及神庙的断墙、基门、木乃伊和公元前2600年的人头塑像等，大多是拿破仑一世掠夺而来的。

古希腊与古罗马艺术馆的藏品则有7 000余件之多，以雕塑为主，是法国历代君主收集而来，著名的"萨莫色雷斯的胜利女神"和"米洛的维纳斯"就在这个展馆中。公元前190年，为了迎接凯旋的将士，萨莫色雷斯岛上的众民竖起了一座胜利女神的雕像。女神面向大海，展开双翼，像是在欢呼伟大的胜利，又像是想要拥抱凯旋的将士。女神雕像高3米，头部已经遗失，但美丽的身体和逼真的衣着依然有着栩栩如生、华美不可方物之感。爱神维纳斯的雕像发现于希腊米洛岛，雕像也因此而得名。自19世纪雕像被发现以来，断臂的残缺美便捕获了世人所有的目光。雕像是由整块的大理石雕成，高2.04米，约问世于公元前2世纪，雕像完美的身材比例、丰腴的肢体、精致的面庞都流露出一种平静典雅，散发着独特的美，与胜利女神同是卢浮宫三宝。

绘画馆的藏品多是千百年来的名家画作，其全面、珍贵是世界上所有艺术馆都无法比拟的。馆内共有35个展厅，2200多件展品，其中三分之二都是法国画家的作品，三分之一来自外国画家，多是14世纪至19世纪的作品。富凯的《查理七世像》，达·芬奇的《岩间圣母》、《蒙娜丽莎》，拉斐尔的《美丽的园丁》，勒南的《农家》，里戈的《国王路易十四像》，路易·达维德的《拿破仑一世在巴黎圣母院加冕大典》，德拉克洛瓦的《肖邦像》，安格尔的《土耳其浴室》等都在其中。

《蒙娜丽莎》便是卢浮宫三宝中的最后一宝。《蒙娜丽莎》是达·芬奇于1503年完成的不朽杰作，它被誉为是西欧画作史上开创着重心理描写作品的先驱。《蒙娜丽莎》以意大利佛罗伦萨布商之妻丽莎·盖拉尔迪尼为原型，面相柔和，嘴角噙着若有似无的微笑，如同一千个人心中有一千个哈姆雷特一般，不同的人对蒙娜丽莎的微笑也有不同的理解，美丽的、深沉的、温和的、哀愁的、凄楚的、神圣的……无论从哪个角度，都能看到她在对你浅浅笑着，仿佛下一刻便要站起身，向你款款走来。

雪白墙身的卢浮宫掩映在一片盛开着各色小花的草地上，散发着优雅而美丽的气息。

文/罗佳佳　图/mary416

『 捷克人骨教堂 』

万具枯骨筑就的诡丽艺术

我用刻刀操纵满地枯骨，终使他们以最诡异、最华丽的姿态绽放于世。一个个漆黑的夜晚，林特将教堂内数万具枯骨一一挖出，精雕细琢，做成各种各样的形状，装饰了整个教堂。于是，人骨教堂诞生了。

　　13世纪末，捷克昆特拉城赛德莱克镇上，当时的修道院长亨利受波希米亚国王奥克塔文二世之命，前往圣地耶路撒冷朝圣。亨利在耶稣被钉上十字架的地方带回一杯圣土，撒在了修道院后的墓地上。自此，这片墓地就成为当地天主教徒的墓葬圣地，无论名门望族还是富豪劣绅死后纷纷埋骨于此。

　　14世纪初，一场在中亚爆发的黑死病肆虐了整个欧洲大陆，死神伸着泛着黑烟的手不停收割着生命，神圣的墓地一时间"门庭若市"。这种状况一直持续到15世纪，布拉格的胡斯起义结束，这场持续了31年的战争为墓地提供了更多的尸骨。到19世纪初，这个仅有3500平方米大小的墓地里就堆砌了30000多个坟墓，鳞次栉比的墓碑仿佛在开着一场死亡盛会。

　　终于，也许是太过死气沉沉，这样的"盛会"有些打扰到修道院的道士们清修了，他们在墓地上建立起一座教堂，试图用这种方式表达他们对亡者的敬意和关怀。19世纪时，施瓦岑贝格家族购买了这一片土地，教堂也囊括其中。他们雇佣了一个当地

有名的木雕师弗兰蒂塞克·林特，
让他负责装饰修整教堂内部。林特
是虔诚的天主教徒，对于天主教徒
来说，人一出生便是带着邪恶和罪
孽的，只有死亡能带来解脱，由现
世进入永生，死并不意味着结束，
而是另一个世界的开始，所以死亡
是圣洁而美好的。而教徒在死后将
身体献给上帝，也是一种无上的光
荣。怀着这种信仰，在一个个漆黑
的夜晚，林特将教堂内数万具枯骨
一一挖出，精雕细琢，做成各种各
样的形状，装饰了整个教堂。于
是，人骨教堂诞生了。

　　站在人骨教堂外，这个典型的
哥特式建筑似乎和任何一座天主教
堂没有丝毫不同，也许略微有些小
巧，不过青灰色的砖瓦仍旧散发着
哥特式的肃穆。这时，我们也许更
愿意叫人骨教堂的本名——赛德莱
克教堂。

　　但一走近教堂大门，不过几步
之差，却仿佛走进了另一个世界。
入口处用人骨组成了一个"JHS"
的图案，代表Jesus Homlnum
Salvator（人类的救世主基督）。
大门是尖顶的拱形，门周围点缀着
各种人骨装饰，仿佛是在昭示这是
进入地狱之门。拱门之后铺天盖地
入目满是人骨，被设计师林特制成
了各种各样装饰品，华丽的人骨吊
灯，精致的人骨家族徽章，逼真的
人骨圣杯，排列紧致的人骨金字

人骨教堂的所有装
饰都是由骨骼组成，看上
去非常恐怖。

人骨教堂外面植被茂盛，绿草如茵，繁花似锦，和教堂内的恐怖气氛有着天壤之别。

塔，凶狠的"复仇三姐妹"头骨……当真是"一殿功成万骨枯"。

教堂内分为上下两层，进门后便是一个十几平方米的大厅，大厅左右各有一条蜿蜒的木梯通向教堂顶上的阁楼。教堂并不大，几分钟便能走马观花地看完一遍，却是庭院深深。大厅的后方是一面灰白色照壁，壁下有数级阶梯通向教堂深处的墓窖。照壁上挂着施瓦岑贝格家族的徽章，亦是用人骨制成。徽章上半部

分是用头骨、胸骨、脊柱做成的皇冠，皇冠上还有一个小小的十字架。皇冠之下则是徽章的主体，细长的肢骨和圆骨围成凹凸有致的弧度，与铁制或金制的徽章一般无二。徽章右下方还有一个喻义打败土耳其人的图案——一只乌鸦用尖长的喙啄向一个骷髅头。据说当时的土耳其人都留着一个冲天小辫，所以图案上的骷髅头上也有一根细长的辫子。

阶梯左右皆有一个壁龛，教堂内随处可见这样的壁龛，摆放着各式各样小巧精致的人骨艺术品，圣杯、烛台、十字架等。这对壁龛内嵌着的则是由120多块骨头组成的人骨圣杯，圣杯底座与杯柄用短而扁平的肩胛骨和骶骨组成，杯身是长短相近的股骨，围成桶状，桶内盛着十几个圆圆的头骨，是圣酒上漂浮的泡沫。阶梯上方是用17个头骨和无数根细长的肋骨、腿骨组成的教堂标志图案，图案中央，长短不一的腿骨呈圆形铺展，形成一个整齐的方形，图案两侧则是三串相连的细长骨头，恍若会随风飘动的流苏。

墓窖是一个同样不大的厅堂，不过这个厅堂却满满地堆积了林特大师的杰作，有被称作"教堂四宝"的人骨吊灯、人骨徽章、人骨金字塔、人骨祭坛。墓窖的墙上，林特还用人骨排列出"1870 RINT"的字样，昭示着这一狂热伟大壮举的所有权。

墓窖大厅中央便是整个人骨教堂内最巨大最华丽的艺术品——人骨吊灯。吊灯从大厅中央垂下，四周有数道骷髅头连成的骨链穿插相连，弯成优美的弧状，仿若是自然坠下的垂幔，布满了整个天花板。吊灯主架共有四层，每层皆是由细长的骨头圈成环状，自上而下一层更比一层大。中间两层分别伸出了四根腿骨，支起八个圆形的烛台，烛台皆是用扇状的盆骨围成，台上放置着充作灯火的骷髅头。灯架下则是一根根细长骨头串成的挂帘，如同帷幕上的流苏，透着诡异和邪恶，却有摄人心魄的美。

吊灯之下便是神坛。神坛四角分别立着一架人骨祭台，祭台支架是再正常不过的三角形支架，只不过三角的每一面都整齐放置着七个咬着交叉腿骨的骷髅头。祭台顶端站着一个一手拿着喇叭吹奏，却一手抱着骷髅头的天使，仿佛是在向死者吹奏天主的祝福。神坛后方是一方宽敞的神龛，龛内竖着一个巨大的十字架，上面还有耶稣受难的雕像。阳光从神龛后的尖拱窗户透进来，在十字架上形成一片逆光的阴影，让耶稣的表情变得有些莫名，不知是在悲悯众生辛苦，抑或是哀悼犹太教徒的执迷。

墓窖四个角落里分别堆砌着一座人骨金字塔，被铁丝网制成的笼子围得严严实实。金字塔呈钟状，全是由人骨细密严实地堆成，严丝密缝又整齐划一，中间靠下方开有一个通风的洞口，洞后沾染了明亮的黄色灯光，仿佛是有熊熊烈火在焚烧，让整个金字塔如地狱般森然可怖。人骨金字塔前都摆放着几个骷髅头，"复仇三姐妹"便是其中之一，三个头骨一上二下，形成坚固而牢不可破的三角，庄严肃穆，仿佛真是希腊神话中负责对罪孽亡灵施以严惩的女神。

教堂内的人骨并不都是完好无缺的，有些人骨上或有林特留下的刻痕，或有一个个枪眼大小的豁口小洞，这应当是当年那场起义战争中牺牲的士兵或民众。无论这些枯骨生前的身份如何显贵或低贱，死后都一律平等地堆放于此——生有生的各种苦难磨砺，只有死，才会让众生真正解脱，做万民中毫无差别的一……

人骨教堂掩映在一大群建筑和绿色植被之间，在逐渐浓郁的暮色中静静等待着夜晚。

文/罗佳佳　图/Libor

『冬宫 』

穿透历史血迹的俄罗斯丰碑

登基之时女王向群臣保证不杀一人，但是后来却割掉了俄国人2000多条舌头和2000多双耳朵；接下来的故事更加残忍……

　　清晨，太阳从波澜不惊的涅瓦河彼端缓缓升起，河畔那座夸张奔放，极富表现力的巴洛克式风格建筑也在晨晖中苏醒过来。不管是雪白的墙柱、淡绿色的墙身，还是屋顶精细的青铜雕塑，都在一片金色里朦胧着柔和雅致的光晕。对一般人而言，冬宫仅仅是一座富丽堂皇，收藏着无数珍品的博物馆。然而对于俄罗斯人来说，冬宫的背后却铭刻着一段斑驳的岁月，在历史的暗涌里，冬宫几度沉浮，命途多舛，直至今日，它仿佛仍在述说着那些唏嘘不已的过去。

　　公元1754年，叶丽萨维塔女皇下令修建一座举世瞩目的奢华皇宫，随着这一声令下，庞大的修建工程开始紧锣密鼓地开展起来。为了让皇宫极尽华美富丽，女皇甚至还远邀意大利著名的建筑师拉斯特雷利赴俄主持建造。8年后的1762年，涅瓦河畔的这座巴洛克式建筑终于尘埃落定。它是那样的高贵与耀眼，仿佛用最璀璨的宝石打造的梦，让人心怀向往而又不敢逼视。然而谁也没想到，其修建者的叶丽萨维塔女皇却是一个残暴冷酷、喜怒无常、性格乖戾、嗜酒如命的女人。公元1741年，叶丽萨维塔女皇发动政变，囚禁了摄政王安娜一世和年幼的皇帝伊凡六世，用毒辣的杀戮手段登上了皇位。在登基之时，女王向群臣保证不杀一人，但是后来却割掉了俄国人2000多条舌头和2000多双耳朵，她参加过奥地利皇位继承战，参加过7年战争，杀人无数。也许是上天为了惩罚她的恶行，她至死也没能享受到冬宫的奢侈与舒适。

　　叶丽萨维塔女皇去世之后，彼得三世继位。而这位皇帝却每天和情人勾三搭四，非常讨厌他的妻子，还常常羞辱于她。恼羞成怒的妻子叶卡捷琳特二世终于忍无可忍，在1762年做出了和叶丽萨维塔女皇同样的事情，发动政变，囚禁了她的丈夫，并成为了女皇。在俄国的历史上，雄才大略的叶卡捷琳特二世是个能和彼得大帝比肩的沙皇，然而她的私生活却是荒淫无道，相传她一生之中有23位情人。不过，叶卡捷琳特二世对于冬宫却做出了相当大的贡献。她酷爱艺术和书籍，在位的34年间，购进了数千幅名画、名贵艺术品、数万册书籍，极大地丰富了冬宫的收藏。冬宫日后成为全世界四大博物馆之一，叶卡捷琳特二世功不可没。

　　淡绿色的墙身、雪白的石柱以及镶金的装饰让冬宫看上去异常地华美，犹如一位徜徉在涅瓦河畔的俄国贵妇。

抛开几百年前那笔纷乱纠结的宫廷秘史不谈。冬宫对于俄国革命却有着划时代的意义，因为它见证了沙俄帝国的消亡，无产阶级政权的兴起。1917年11月7日，随着"阿芙乐尔"号巡洋舰的炮响，十月革命正式拉开序幕，工人暴动的队伍一批一批涌向冬宫，冬宫里的资产阶级临时政府官员们吓得六神无主，辨不出来那是礼炮的声音，还以为大势已去，这群可怜的书生稀里糊涂地就投降了。震惊世界的十月革命，就这样成功了，全世界第一个无产阶级专政的国家横空出世。随着时光的流逝，苏联解体，冬宫才真正摆脱了历史的风云，以博物馆的姿态呈现在世人眼前。

坐落在涅瓦河畔的冬宫，如今也叫做艾尔米塔什博物馆，与世界上最高等级的卢浮宫博物馆、大英博物馆、纽约大都会博物馆齐名，而冬宫里面的收藏品却是最多的，从东方到西方，从古代文明到现代艺术应有尽有，当之无愧地站在了世界博物馆的巅峰。据统计，冬宫里有从古到今的270万件艺术品，包括1.5万幅绘画、1.2万件雕塑、60万幅线条画、100多万枚硬币、奖章和纪念章以及22.4万件古代家具、瓷器、金银制品、宝石与象牙工艺品等。若是在每件藏品前都花一分钟去欣赏，那么12年后才能走出冬宫。来这里参观的人们每

冬宫广场上的亚历山大纪念柱，象征着亚历山大一世战胜了拿破仑。

雪白的马匹拖动着木质的马车缓缓前行，让人产生一种时空错落般的感觉。

每陶醉在艺术的诱惑之中，不知今夕是何年。

　　冬宫前的冬宫广场极具气魄，规模也相当大。当波罗的海的霞光映照在冬宫广场深蓝色的石块上时，仿佛还能感受到沙皇在这里驻足的威势。冬宫广场周围的建筑物产生于不同时代，而又非常和谐地组成一道美丽的风景，丝毫不觉得格格不入。广场的正中央竖立着一根亚历山大纪念柱，高47.5米，直径4米，重600吨，用整块花岗石制成，不用任何支撑，只靠自身重量屹立在基石上，它的顶端是一个手持十字架的天使，天使脚下踩着一条蛇。这根纪念柱是为了纪念亚历山大一世战胜拿破仑而建的，从它身上能深切地体会到亚历山大大帝的雄姿与俄罗斯人威武不屈的精神。

　　第二次世界大战时期，冬宫遭到了严重的损坏，战后被政府精心修复。如今的冬宫高3层，长约230米，宽140米，高22米，呈封闭式长方形，占地9万平方米，建筑面积4.6万平方米。宫内有厅室1057间，门1886座，窗1945个，飞檐总长约2公里。面向冬宫广场的一面是冬宫的正门，建筑中央稍微突出，有3道拱形

铁门，入口上方有阿特拉斯巨神群像，当初苏维埃的红旗，就是插在巨神像上的。宫殿四周有两排廊柱，非常雄伟，屋顶上镶嵌着100多樽花瓶和青铜雕像，典雅别致。虽然冬宫外部建筑各具特色，但是内部的设计和装饰风格却是严格统一的。

走进冬宫，不管是谁都会被其精细的装饰所折服，华丽得仿佛会让人丧失理智。不管是精美的艺术品，用孔雀石、碧玉、玛瑙等玉石制成的装饰品，墙上与窗上的浮雕以及排列整齐的乳白色圆柱都带给人无比的震撼。沿着圆柱拱门护卫的长廊往里面走，尽头处金光闪烁的楼梯就是著名的专供皇室举行宗教仪式时使用的"约旦阶梯"。约旦阶梯由底层上升，左右分开，在二楼处汇合。台阶、栏杆、扶手和方柱均是由大理石打磨而成，窗户、廊柱以及灯具都镶嵌着金色的花饰，极尽奢华。阶梯四周有许多姿态各异的人物雕像，顶端有一幅镶有金边的大型宗教题材的油画。

冬宫博物馆里有包括古罗马厅、希腊厅、古埃及厅、意大利厅，法国厅、俄国厅、徽章大厅、基奥勒基叶夫斯基大厅、中国厅在内的350余个大厅。除了与各个大厅相对应的艺术品之外，每个大厅都装潢得非常华丽，如孔雀大厅就用了2吨孔雀石，拼花地板用了9吨名贵木材。最为金碧辉煌的就是举办豪华宫廷舞会的金色大厅了。大厅四周排列着数十根金色的圆柱，墙上的装饰、巨大的吊灯、二楼的栏杆全都金光耀眼，时隔几百年依然没有褪色半分。另一个全由乳白色大理石柱组成的大厅名为"白厅"，是女皇宴请宾客的地方，顶上的水晶吊灯晶莹剔透，溢彩生辉，而铺地的图案则全是由宝石、琥珀镶嵌而成，珠光宝气，华美非凡。

徜徉在这些展厅之中，古罗马、古希腊的雕像，古埃及的陶器、石棺、木乃伊，意大利文艺复兴时期的油画，俄罗斯的古代服装、从乌拉尔运来的花岗岩花盘，各类珠宝等都尽收眼底，让人仿佛经历了世界5000年的历史。在各个展厅中，最负盛名的就是古希腊的瓶绘艺术、古罗马的雕刻艺术和西欧艺术三部分藏品，是在收藏界中一直名声在外。其中拉斐尔的《科涅斯塔比勒圣母》和《圣家族》、达·芬奇的《戴花的圣母》和《圣母丽达》、米开朗基罗的雕塑品《蜷缩成一团的小男孩》、14世纪的孔雀石金钟、圣彼得大帝雕像等都是冬宫博物馆的镇馆之宝。此外，很多展厅还放有伦勃朗、鲁本斯等名家的作品，《达纳厄》、《善行》、《丹奈尔》等画都是价值连城的精品。在所有的展厅中，中国厅不算最大，但是里面件件都是珍品，而且价格极其昂贵，其中有一幅能和西方古典绘画媲美的敦煌壁画，是用机械切割下来的，装在一个精致的木柜里。

　　冬宫承载着圣彼得堡300多年的记忆，书写着王朝的兴盛与衰败。漫步在璀璨的殿堂中，除了感受这极尽华美带来的视觉冲击，也能在积年的沧桑气息里体味早已逝去的古老故事……

　　冬宫内收藏着大量的艺术珍品，由左至右分别是《科涅斯塔比勒圣母》、《圣家族》、《蜷缩成一团的小男孩》。

文/王锐　图/ppl

『 布达拉宫 』

世界屋脊的藏传佛教圣地

据说文成公主的寝宫与松赞干布的宫殿，用一座美丽的桥连接起来。桥用白银和黄铜打造，还挂着风铃，飘着帷幔。每当公主从桥上走过的时候，衣袂带着帷幔飘飞，小桥颤颤悠悠引得风铃也歌吟起来……

天高云阔的青藏高原总是牵动着爱好旅行人的心，它的至高至远，它的苍莽深沉，它的原始神秘，它的圣洁庄严，让人为之魂牵梦萦。而海拔3700米之上的拉萨城，更是早已成为人们心目中最富有魅力的城市。

拉萨坐落在一个水草肥美的小平原，拉萨河安静地在这儿流过。平原中间的卧塘湖旁有三座连在一起的小山：东边红山、中间药王山和西边帕马日山。红山横卧，布达拉宫便起基于山的南坡，依山势蜿蜒到山顶，高达110多米，成为世界上海拔最高的宫殿。站在布达拉宫广场翘首仰望，只见殿宇巍峨，金顶入云，曲径回廊重重叠叠，那拔地凌空的气势，那金碧辉煌的色调真如天上宫阙一般。

"布达拉"为梵语，藏语意为普陀。在当地人心目中，红山就像观世音居住的普陀山，于是这座宫堡式建筑群得名布达拉宫。布达拉宫始建于公元7世纪的吐蕃王朝松赞干布时期，外面有三道城墙，内部千间宫室，是吐蕃王朝的政治中心。松赞干

坐落于高原大山脚下的布达拉宫，红白相间，非常壮丽。

布修建布达拉宫的原因很多，曾有人说是他"好善信佛，逐修布达拉城垣"，然而真正的原因，却是与一个女人有关，这个女人就是文成公主。松赞干布是吐蕃第32代赞普，当时正值贞观之治，大唐国力昌盛，经济文化远远领先世界，倾慕于唐朝的强大，松赞干布派出大臣禄东赞出使大唐求亲。浩浩荡荡的求婚使团携带着大量的黄金、珠宝，朝着长安进发。聪明的禄东赞击败了天竺、大食等其他国家的求婚使者，为年轻的藏王赢得了美人归。为了迎娶文成公主，松赞干布在红山建造了一座规模庞大的宫殿，当时称为"红山宫"。在此后的岁月中，文成公主居住于此，向吐蕃人灌输先进的汉文化，革除陈规陋习，既参政，又不干涉政事，整个吐蕃将她视为神明。

历史的车轮滚滚碾过，公元9世纪至10世纪，吐蕃连年内乱，逐渐衰败。红山宫也随着王朝的没落而被毁弃于尘埃之中。公元17世纪时，五世达赖喇嘛在红山宫的旧址上重新修建了宏伟的宫殿，正式称之为"布达拉宫"。布达拉宫可谓西藏历史的见证和象征，从松赞干布到十四世达赖喇嘛的1300多年间，先后有9位藏王和10位达赖喇嘛在这里施政布教，重大的宗教、政治仪式都在布达拉宫举行，而且宫内还供奉着历代达赖喇嘛的灵塔。流连布达拉宫之内，依旧能感受到那庄严沉重，又带着些许沧桑的历史气息。

传说最初布达拉宫有999间房，加上宫顶的藏王寝宫共1000间。走进布达拉宫内部，感觉仿佛进入巨大的洞穴，密密麻麻的通道、走廊与梯子连接着不同的房间。大房连小房，大殿套小殿，宛如一座巨大的迷宫，传说有很多在里面生活了一辈子的喇嘛也常常迷路。布达拉宫到底有多少房间呢？大概没有人能说得清楚，而较普遍的说法是2500间。布达拉宫整座建筑总面积达36万平方米，东西长360米，南北宽270米，是集宫殿、城堡、寺院于一体的宏伟建筑。

在宫殿顶上竖立着长矛旗帜，珠宝、丝绸和风铃装饰着宫殿的飞檐与走廊。文成公主的寝宫与松赞干布的宫殿，用一座美丽的桥连接起来。桥用白银和黄铜打造，还挂着风铃，飘着帷幔。每当公主从桥上走过的时候，衣袂带着帷幔飘飞，小桥颤颤悠悠引得风铃也歌吟起来……

　　布达拉宫城包括四部分：红宫、白宫、山后的龙王潭和山脚下的"雪"。上红宫，下白宫，只看外墙颜色就可以区分开来。千余年来，红白两色区分的宫殿各司其职。龙王潭为布达拉宫后园，园里湖中小岛上建有龙王宫和大象房等。"雪"在布达拉宫脚下，安置着噶厦的监狱、印经所、作坊、马厩，周围是宫墙和碉堡。在藏传佛教中宣传有"三界"之说：欲界、色界和无色界。布达拉宫的整体布局，红宫、白宫和"雪"由上到下分作三层纵向排列，充分体现了"三界"之说。

　　红宫与白宫是布达拉宫的主体建筑，主楼13层，高115.7米，由寝宫、佛殿、灵塔殿、僧舍等组成。整个建筑的中心和顶

佛像、经幡与披着红衣的喇嘛构成了一幅生动的图画。

藏族的饰品色彩艳丽，非常具有民族特色。

点红艳艳的，那里便是红宫。红宫建于1690年，当时清朝康熙皇帝特意从内地派了100名汉、满、蒙工匠进藏，参与扩建布达拉宫这一浩大的工程。红宫是历代达赖喇嘛灵塔和各类佛堂，其中，五世达赖喇嘛的灵塔最大最华丽，高14.58米，塔身用金皮包裹，镶珠嵌玉，据说共用黄金11万余两，珍珠、宝石、珊瑚、琥珀、玛瑙等18677颗。最高处则是殊胜三届殿，由七世达赖喇嘛所建，"金瓶掣签"等许多重大活动都曾在此举行。

合抱红宫的白宫洁白无瑕，始建于1645年，历时8年。整个寺宇的墙被涂成白色，远远望去分外醒目。白宫高7层，第4层中央的东大殿面积达717平方米，由38根大柱支撑，是布达拉宫最大的殿堂，历代达赖喇嘛在此举行坐床、亲政大典等重大宗教和政治活动。白宫最高处是达赖的冬宫，这里落地玻璃大窗使其采光面积很大，从早到晚阳光灿烂，俗称"日光殿"。殿内陈设豪华，金盆玉碗和珠光宝气显示出主人高贵的地位。宫殿外阳台宽大，从这里可以俯视整个拉萨城。站在这里远望，远处美丽的拉萨河宛如一条缎带从天边飘来，而近处片片田垄阡陌、绿树村舍与大昭寺金碧辉煌的金顶组成一幅别有趣味的画卷……

布达拉宫全部由石、木建造，下宽上窄，鎏金瓦盖顶。在平面布局上不强调均衡对称，而是巧妙利用地形建立纵向延伸的空间序列结构。从主殿高于偏殿和佛堂、由大门到佛殿逐次升高的格局，强调并突出了红宫、白宫主体建筑的尊贵地位。宫墙由花岗岩砌成，洁白的白宫环护着鲜艳的红宫，蓝天和雪山下，布达拉宫犹如雪域高原的一座灯塔，藏地任何一隅的人们虔诚叩拜，合拢的双手永远指向它。

1300余年时间的沉淀，布达拉宫承载了千年浩瀚史卷。《西藏通史》中这样描绘布达拉宫：外面看是险峻山崖，里面看是黄金珠宝。其实不止黄金珠宝，在包金裹银、堆玉砌珠的布达拉宫里，珍贵的雕塑艺术品和绘画作品数不胜数。据统计，布达拉宫内现有玉器、瓷器、银器、铜器、绸缎、服饰、唐卡共7万余件，经书6万余函卷。

2500多平方米的壁画、近千座佛塔、《甘珠尔》经和上万幅卷轴唐卡，以及明清两代皇帝御赐的金印、金册和金银制品……几乎处处彰显着布达拉宫的奢靡与贵气。"帕巴拉康"又称"超凡佛殿"，是布达拉宫最著名的圣观音殿，建于公元7世纪，吐蕃赞普松赞干布时期，是布达拉宫的心脏部位。帕巴拉康内供奉的帕巴拉康观音像被尊为"镇馆之宝"，由檀香木自然形成的菩萨造型，整尊佛像未经加工，仅是着色而成。观音的面容慈祥，目光深邃，整个脸颊圆润饱满，贴金和华丽的衣饰让整个佛像气势非凡。她站在莲花金台之上已有1300余年，战火纷飞的年代，这尊神圣的佛像，不止一次地被战胜

涂成雪白的墙、朱红的大门、金碧辉煌的雕饰……布达拉宫以古朴耀眼的姿态呈现在世人眼前。

或者战败者带出拉萨，但每次都又奇迹般地物归原主，重返布达拉宫，安然立于帕巴拉康神座。

走进布达拉宫这同一片天地，不同的人看到的却不尽相同。俗人看见的是金盏银碗和佛像身上镶嵌的价值连城的各种宝石，雅士看到的是壁画、雕塑、文物、经卷，而只有真正的佛徒走进去才看得到佛身，听得到佛的秘语。十三层的布达拉宫有三十层的神秘，这是一个红白分明的世界。摇曳的佛灯摇曳了1300年，始终如一。生出锈迹的铜门环上，日夜飘飞的经幡和不再平整的石阶上，记载着千万颗灵魂涅槃的历程。

每当玉兔西沉天将破晓，太阳从拉萨东面的石头山岗慢慢升起，最先从黑夜中显露轮廓的就是布达拉宫。布达拉宫最先让人们看到光明，或许这就是观音菩萨的大慈大悲之心。日复一日，年复一年，当这座"日光城"的第一束阳光洒落在转经老人手中的经筒上时，圣徒们总是双手合十，仰望着旌旗杆端的一抹朝阳默默虔诚祷告……

缓缓拨动着转经筒，茌苒了千年的古老与神圣在这一刻仿佛活了过来，浩然的佛气在四周回荡。

文/高春花　图/zhang kan

『 圣索菲亚大教堂 』

被天空的铁链悬系着的奇迹

查士丁尼一世没有像往常一样，把设计教堂的工作交给建筑师，而是专门请来希腊的数学家当设计师。因为他坚信只有精通数学的人，才可以准确地计算出教堂圆顶的曲率与角度。

"教堂的穹顶看起来好像没有基座，仿佛是靠一条金链悬挂在天堂上"，一位历史学家在参观大教堂之后，不禁发出这样的感叹。这座雄伟宏大结构精巧的建筑，就是举世闻名的圣索菲亚大教堂。有人说，当你真正靠近圣索菲亚大教堂时，才会发现自己所有对它的想象是多么地匮乏，而它所带给你的震撼是根本无法想象的。

清晨，当漫步在伊斯坦布尔充满现代气息的大街上，似乎能闻到蓝天下鳞次栉比的房子里远远飘出的一缕缕咖啡与香料的混杂香味。而就在此时，代表着一座城市的圣索菲亚大教堂已经在晨曦中逐渐显现出它巨大的圆顶轮廓。高耸的穹顶映衬着蓝天，浑然而大气，敦实而又厚重。圣索菲亚大教堂是一座宏伟的拜占庭教堂，壮观的圆顶直径长达31米，支撑起内部惊人的空间。这座被誉为"神圣智慧"的大教堂，仅用了短短6年的时间便建成并装修完毕，即公元532年至公元537年。它的气势之宏伟、工艺之精巧，让人不敢妄言中世纪早期的基督教建筑已走向了衰败。

大教堂里绘着基督教众先贤的画像,栩栩如生,绘画水平非常高。

公元4世纪末，罗马帝国一分为二为东罗马帝国和西罗马帝国。东罗马帝国又称拜占庭帝国，它以君士坦丁堡（后改名为伊斯坦布尔）为中心，占据了原罗马帝国东半部领土，继承了古罗马丰富的文化遗产，并吸取东方文化形成自己的独特体系。历代君主想把这座城市建成世界的宗教、艺术和商业中心，查士丁尼一世时为标榜自己的文治武功，在公元532年下令修建圣索菲亚大教堂。

查士丁尼一世没有像往常一样，把设计教堂的工作交给建筑师，而是专门请来希腊的数学家当设计师。因为他坚信只有精通数学的人，才可以准确地计算出教堂圆顶的曲率与角度。圣索菲亚大教堂，原称圣智大教堂，它是由雕刻家、石匠、马赛克工匠和木匠组成的一万人的建筑大军，不惜重金从帝国各地包括希腊、罗马、土耳其和北非等运来金银、斑岩、大理石等最优质的材料，耗时5年建成。从此，圣索菲亚大教堂作为帝国皇帝的教堂，也代表着拜占庭帝国建筑艺术顶峰。

圣索菲亚大教堂，这座曾经的东方基督教中心，自建成后便历经沧桑。竣工后21年就遭遇地震，局部被破坏不得不重建；1204年，被第四次东征的十字军洗劫一空；1453年，又被奥斯曼土耳其人占领。奥斯曼土耳其的君主将圣索菲亚大教堂改为清真寺，他派人移走了教堂原来基督教的祭坛与圣像，用灰浆遮涂掉马赛克镶嵌的宗教画，代之以星月图案等回教圣物，并在其周围修建了4个高大的回教尖塔——清真寺的标志物授时塔，又称"传音塔"，形成圣索菲亚大教堂如今的样貌。

直到1932年，土耳其国父凯末尔将圣索菲亚大教堂改为博物馆，长期被掩盖住的拜占庭马赛克镶嵌艺术瑰宝也得以重现天日。博物馆气势庄严而亲切，是伊斯坦布尔最有代表性的历史建筑。当推门而入，仿佛走进历史时间隧道一般。在这里，你可以清楚地解读出伊斯坦布尔曾经的辉煌和沧桑。伊斯坦布尔依山傍海，原名君士坦丁堡，这座拥有2600多年历史的世界名城，在其漫长的历史中，曾经是罗马帝国、拜占庭帝国、奥斯曼帝国的中心。东方与西方，基督教与伊斯兰教，传统与现代，于此得到最充分的融合。

圣索菲亚大教堂融合了罗马式长方形教堂与中心式正方形

教堂的特。建筑平面呈长方形，采用了十字架的造型，东西长77米，南北宽71米。而布局却属于穹窿覆盖的巴西利卡式，中心为直径31米的圆形穹窿。巨大的穹窿由4根24.3米的巨大塔形方柱之间的拱顶连接支撑，圆顶四周有小半圆顶，之下又有更小的半圆顶，这样的设计可有效地分散支撑圆顶承受的负荷。

圣索菲亚大教堂最令人惊叹之处，在于它朴实典雅的暗红色外表下竟蕴藏着富丽堂皇、璀璨夺目的内部景观。圆柱和柱廊将教堂内部分割成3条侧廊，柱廊的幕墙上穿插排列着大小不等的窗户。中部东西走向纵深展开的大厅高大而宽阔，适合举行隆重豪华的宗教仪式和宫廷庆功活动。穹顶之下40条拱肋由圆顶中央一直延伸到底基，柱廊和拱券重重排列，使得室内空间相互渗透，统一而多变。

当置身其中，五彩缤纷的玻璃砖镶嵌的穹顶下，站在彩色碎石铺成的各种图案的地面上，周围是镶金箔柱头的绿色柱子，若有一缕阳光从拱脚底部的40个窗洞照射进来，那贴满墙身的彩色大理石会发出美丽的光彩。也正是这弱弱的自然光线，给幽暗的教堂营造了迷幻的宗教气氛。它们犹如从天堂洒下来的圣光，

蓝天下的圣索菲亚大教堂显得格外耀眼，不管从哪个角度观赏都极壮观。

显示着拜占庭皇帝的权威。教堂穹顶巧妙地运用了光学原理，只靠自然光线的汇集把所有光线聚集到顶上形成光环。那些来自罗马、雅典、以弗所的白色的、蓝色的、绿色的和红色的大理石，还有那距离地面53.35米的最高点和31米的圆顶直径，总让人感觉宛如漂浮于空中……正如当时著名历史学家普洛开比乌斯所形容的：“仿佛由天空的铁链悬系着。”一路向大厅走，时而遇见耶稣，时而邂逅穆罕默德，这并非时空错乱，而是圣索菲亚大教堂的一大特色。

大教堂的内部装饰得金碧辉煌，每一个细节都很精致。

由内厅南侧的出入口向里走，在帝国大门的右侧有一根雕满眼泪的柱子，叫做“哭泣柱”。传说在水库竣工的前两天，水库总设计师把自己的徒弟叫来说：“水库建成大家也活不长，你不如现在就把我杀了，埋在这根柱子下，永远守着这个水库看着它发展。”他的徒弟含泪把师傅埋葬了，并在柱子上雕刻了很多眼泪的图案，来纪念自己的师傅。据说，将大拇指插入潮湿的石洞，并以平面旋转360度，便可以实现自己当时许下的愿望。

教堂的第二层回廊被设计成马蹄形，环绕着教堂正厅，

夜幕降临，五颜六色的灯光将大教堂装点得华丽斐然，宛如一座童话宫殿。

迄至后殿终止。上层回廊一般用来供皇后及其宫廷人员使用，那里保存着许多马赛克壁画，这些珍贵的马赛克布置相当华丽，描绘了圣母玛利亚、耶稣、圣人、帝王及皇后，还有一些纯粹装饰性的几何马赛克，吸引着众多参观者的目光。马赛克上的圣母玛利亚身穿深蓝色长袍，她把儿童时的耶稣抱在膝上，耶稣以右手祝颂左手执卷轴。约翰二世站在圣母右侧，身穿镶有贵石的服装，他呈上钱包，表示皇室对教堂的奉献。梳一头金黄辫子的女皇伊林娜站在圣母左侧，她身穿礼服呈上卷宗，显示着她的匈牙利血统。相比之下上层楼座的装饰比较简单，其天花板只是在粉刷成黄色的基础上勾勒了一些简单的花纹。上层回廊的中央是皇后包厢，皇后及其宫廷人员可以在这里观看在下方举行的仪式。

　　站在圣索菲亚大教堂的穹顶下仰望，好似茫茫苍穹笼罩人间，顿然感悟到自身的渺小。虽然光阴流逝、时代变迁，圣索菲亚大教堂却依然坚如磐石岿然不动。它承载着沉甸甸的历史镇守在这方土地，千年岁月沧桑印证着伊斯坦布尔的历史与文化……

文/高春花　图/Brian K

『 姫路城 』

日本战国时代的硝烟与血腥

狭窄陡峭的楼梯易守难攻，也许一不小心，就有人从某个犄角钻出，手起刀落间挥洒着鲜血。城堡内不但有权力的争夺，更流淌着女人们的哀歌……

室町幕府自第三代将军足利义满去世后便每况愈下，1467年，应仁之乱与细川政元两场政变更是彻底将室町幕府自权力之巅拉下，自此日本群雄逐鹿，战火不断，开始了轰轰烈烈的战国时代。这是一个神奇的时代，持续了100多年的战火是对日本民族最好的洗礼，他们从盲目地跟从变得极富创造力，并且对战争环境的变化产生了极其迅捷的适应能力。

诸侯割据、国土碎裂之下，是一座座城堡的崛起。城堡的建筑模式因地形而异，分为筑于高山大地的山城、筑于平原阔地的平城、筑于小山丘陵的平山城、筑于海川之间的水城四种。在那个时代，实力即是一切，而城堡无疑是占据了一方土地的当权者最好的炫耀方式，于是织田信长筑起了安土城，丰臣秀吉筑起了大阪城，德川家康筑起了江户城。城堡各有各的不同，却都有着一个共同之处——天守阁。"天守"一词来源颇广，普遍认为是"天授皇权"之意，于是天守阁也代表着一代当权者的居住地和政权中心。据《肥前国志》记载，战国时代平均每年就有25座天守阁诞生，诸侯们用一座更比一座高的天守阁打压对方的气焰，炫耀自己的实力。

然而时间是无情的，织田信长用黄金装饰的"幻之天守"不过三年便化为焦土，丰臣秀吉用五重郭设防而俯瞰全国的巍峨天守也不过在30年后便毁了在了德川家康的大军之下。而德川家康，他不仅是战国时代的终结者，更是城堡时代的终结者，他推倒了一座又一座城堡，让城堡时代消失在历史的洪流中。留下来的都是德川幕府原本治下的城堡和后来新修的城堡，江户城、骏府城、二条城、名古屋城都是当时有名的军事要塞，但要说到真正集大成者，非关西的姬路城莫属。

姬路城建在兵库县45.6米高的姬山之上。姬路在日语中意为"蚕茧"，因姬山酷似蚕茧、方圆百里都被当地人称作姬路而得名。从远处看去，白墙青檐的姬路城仿佛是停驻在山巅，振翅欲飞的巨大白鹭，所以又被人们称为白鹭城。

姬路城的历史始于1346年，虽然13年前就有军队意识到此处的军事作用，但在这时才由赤松氏开始建造城堡供军队使用，1580年，丰臣秀吉在这里筑起了三层高的天守阁，完成了姬路城

远远望去，雪白的姬路城和粉色的樱花相得益彰，古色古香的浪漫风情让人迷醉。

远方伟岸的建筑与近处潺潺的流水、红漆的木桥，构成了一幅韵味
十足的日本画。

的主要建筑群。真正令姫路城在一众城堡中脱颖而出却是在江户
时代，德川家康将这座城堡赠给了自己的女婿池田辉政。1601
年，这位野心勃勃的军事家开始在原来的古城基础上，倾整个
德川幕府工匠之全力，使用了387吨木材、7500块重达3048吨的
瓷砖，围起一圈又一圈的高墙城郭，雕刻出一个又一个的繁复
饰物，重叠出一层又一层的防御工事。8年后，姫路城仿佛浴火
重生的凤凰，成为一座足以睥睨群雄的巨城，历经400年风霜雨
雪，400年战火纷扰，仍旧以最初的模样稳稳挺立在姫山之上。

　　姫路城的结构非常严密，整个城池固若金汤、气势恢宏。
城池主体由一个五层高的大天守阁和12个小天守阁组成，外围则

是主城郭、二城郭、三城郭和西城郭环绕的螺旋状防御工程。这个层层叠叠的战略防御工程从外部、中部和内部三个巨大的壕沟——护城河开始，城壕环绕高大曲折的石城郭而建，城郭之间有城门相连，又有四通八达的瞭望塔守望相助。城墙和瞭望塔上均有外窄内宽的射击孔，不只是射箭，江户时代火枪已经出现，城堡内展出的火枪也是当时战争中的主要武器。

城堡的石垣依山势而建，呈现出陡斜状，石垣的上部则向外翘出，这种独特的"扇形斜坡"设计是日本城堡中独特的艺术设计，看上去仿若层层花瓣般繁复美丽，又极具迷惑性，巧妙地糅合了军事和艺术审美的需要。姬路城城郭间的小道千回百转，蜿蜒曲折，路线复杂得宛若迷宫，且不时有故意衍生出的小道，诱使敌军走进陷阱或是离城中心越来越远。小道两旁的墙体上均开有三角形或方形的小孔，更是让城池易守难攻，颇有"一夫当关，万夫莫开"之势。无怪乎在后来400多年的历史中，姬路城从未被攻克过。

姬路城内最主要的建筑便是城中心的天守阁。天守阁周围有三座较小的天守阁，互成椅角之势，拱卫着主阁。天守阁内部错综复杂，且结构巧妙——外部看去只有五层的阁楼实际上有七

乘着人力车，在纷纷落下的樱花雨中感受古老的日本风情。

层，地下有一层，三层之上还有一个巧妙隐藏的第四层。天守阁内全部用木头建造而成，精致的木制装饰看上去典雅美丽，却处处隐藏着杀机：狭窄陡峭的楼梯易守难攻，低矮的楼层内也巧妙地隐藏着埋设伏兵的夹层，也许一不小心，就有敌人从某个犄角钻出，手起刀落间挥洒着鲜血。

站在31米高的天守阁顶层上，整个姬路城尽收眼底，白墙灰瓦的建筑群错落有致，红色的灯笼飘扬在这繁华城池间。天守阁顶上是一只巨大的防火辟邪物，趴在屋脊之上，在苍穹里张扬着爪牙，俯视众生。当年的德川家康是否也曾站在这里，和德川秀忠、池田辉政一起遥望远方，指点江山？

城堡是那个战火纷飞年代的战场，也是那个年代里当权者的家园。男人是战场上的主角，他们背后的女子则是家园里的牺牲品。如果说城堡是战争权势的反映，那么女性就像曾在这里拍摄的《大奥》里的女人们一样，是城堡内哀婉不绝的悲歌。

德川幕府第二代将军德川秀忠的长女德川千姬，她本是那个时代最尊贵的女子，生于权力顶峰之家，过着无忧无虑的生活。但在1603年，为了笼络仍忠于丰臣家的旧臣，德川幕府将年仅七岁的千姬嫁给11岁的表兄丰臣秀赖。秀赖是丰臣秀吉的独子，丰臣家族最后的血脉。秀赖的母亲、千姬的姨母淀夫人禁止秀赖与千姬同房，但却悉心教导千姬诗词礼仪。这场政治婚姻于12年后结束，德川家族的大军攻陷大阪城，千姬逃回江户，向祖父求情放过秀赖和淀夫人，但德川幕府显然不会允许与自己斗了几十年的丰臣家留下后代，于是逼得丰臣秀赖和淀夫人自尽而亡。

丰臣秀赖死后，千姬原本打算终身不嫁。但在一年后，继承了将军之位的德川秀忠为笼络臣民，以十万石"化妆料"将千姬嫁给了伊势的大名本多忠刻，本多家随即被加封入主姬路城。本多忠刻用这十万石嫁妆为千姬建造了西丸，此后10年，千姬一直生活在这里。至今我们仍能在大天守旁找到这个小而精致的女子住所，装扮华美的起居室化妆橹和长约300米的渡橹，陈旧的画作似乎仍是西丸初建时的模样……

文/罗佳佳　图/Neale Cousland

『 比萨斜塔 』

人类质疑精神的象征

比萨塔像比萨人一样健壮结实，永远不会倒下去。比萨城的俗语如是说；而伽利略那次世界上最著名的物理试验，则揭示了一个伟大的真理：没有任何人是不能质疑的……

有人说，人类就像是上帝的孩子，当孩子犯了错误的时候，上帝总会来帮忙收拾。这句话仿佛是比萨斜塔的真实写照，这座耸立在比萨城800多年的钟楼，修建之时意外地发生倾斜，然而又意外地成为了建筑史上的绝笔。

比萨塔位于比萨城的奇迹广场上，是由当时的著名建筑师那诺·皮萨诺主持修建。入口右侧墙上的碑铭记录了钟楼开始建造的年代："A.D. MCLXXIV. CAMPANILE HOC FUIT FUNDATUM MENSE AUGUSTI"，译为"此钟楼奠基于公元1174年8月"。

1174年的8月，太阳炙烤着大地，比萨人开始信心满满地为他们的罗马帝国建造独特的白色钟楼。开始建造时的设计是垂直竖立的，原设计为8层，高54.8米，它是独特的白色闪光的中世纪风格建筑物，即使没有后来的倾斜奇迹，也将会是欧洲最值得注意的钟楼之一和罗马帝国人心中的骄傲。然而当钟楼兴建到第4层时，人们发现由于地基不均匀和土层松软，导致钟楼倾斜偏向东南方，技术上的限制使得建筑师没有办法补救已经开始倾斜

的钟楼，这座被上帝抛弃的钟
楼只好悲剧而遗憾地停工了。
直到1198年，有人给钟楼装上
了撞钟，才让这座残缺的建筑
实现了它作为钟楼的初衷。

时间过去了几十年，比
萨人不甘于让钟楼继续倾斜，
于是开始动工，企图让钟楼直
立起来。1231年，建造者们采
取各种措施修正倾斜，甚至刻
意将钟楼上层搭建成反方向的
倾斜，以便补偿已经发生的重
心偏离。但当建到第7层的时
候，塔身不再呈直线，而是为
凹形。工程又被迫再次暂停，
比萨人感觉自己仿佛被上帝再
次抛弃。时光到了1360年，在
历史的长河里停滞了一个多世
纪后钟楼开始向完工发出了最
后的冲刺，作了最后一次重要
的修正。1372年，比萨斜塔正
式完工，人们为它装上了7口
钟，但是因为斜塔不断地在向
下倾斜，随时都有倒塌的危
险，所以这些钟都成为了摆
设。随后的几百年，再也没有
人企图去修复它，比萨斜塔一
直用着倾斜的眼光，观赏着这
个世界的风景。

时光过去了900年，这座
倾斜的钟楼一直默默地矗立
着，从未向历史低头。如今的
比萨斜塔已经成为了建筑史上

比萨斜塔的钟一直没有撞响
过，它们沉默而勇敢地和斜塔一
起承受着倾斜的宿命。

的奇迹，其永不倒下的坚韧精神，已然成为了一个时代的象征。

比萨塔的"意外"让它成为了世界建筑史上的奇迹，同时，这里也曾闪耀过思想的光辉。这儿曾诞生了一个"世界上最美物理实验"：自由落体实验。古希腊哲学家亚里士多德曾下结论："物体下落的快慢是不一样的，取决于它的重量。"2000多年来，这句话仿佛成为了定律，从未遭到任何的质疑。然而年轻的科学家伽利略却向伟大的先贤勇敢地发起质疑。1590年的某一天，伽利略手持两枚大小不一而密度相同的铁球，出现在了斜塔的顶层。在无数嘲讽和不屑的眼光中，他松开了平行悬在塔外

奇迹广场上的马车，洋溢着古典的风情，它会将你带回遥远的中世纪吗？

的两手。一瞬间，所有人都惊呆了，因为两枚铁球同时落到了地上。在伟大的比萨斜塔之上，一个伟大的真理诞生了：没有任何人是不可以质疑的……

比萨斜塔毫无疑问是建筑史上的重要建筑。在斜塔发生倾斜之前，其圆形建筑的设计就已经向全世界展现了斜塔无与伦比的独创性。它的墙面用大理石和石灰石砌成深浅两种白色带，半露方柱的拱门、拱廊中的雕刻大门、长菱形的花格平顶、拱廊上方的墙面对阳光的照射形成光亮面和遮阴面的强烈反差，给人以钟楼内的圆柱相当沉重的假象。在底层有圆柱15根，顶层有12根，这些圆形石柱自下而上一起构成了八重213个拱形券门。整个建筑造型古朴而灵巧，为罗马式建筑艺术之典范。钟置于斜塔顶层。塔内有螺旋式阶梯294级，顺着阶梯登上塔顶或从各层环廊向外眺望，比萨城的秀丽景色可尽收眼底，美不胜收。在这个上帝曾经驻足的地方，时光仿佛浸透了斜塔的每一寸砖墙，不经意间思绪就会回到遥远中世纪，回到鼎盛的古罗马时代。

当然，一直在奇迹广场上陪伴比萨斜塔的有主教堂、洗礼堂和名人墓园。大教堂、洗礼堂和钟楼之间形成了视觉上的连续性。

主教堂屹立于比萨城东北角的广场上，平面呈长方形的拉丁十字，长95米，纵向四排68根科林斯式圆柱，纵深的中堂与宽阔的耳堂相交处为一椭圆形拱顶所覆盖。中堂用轻巧的列柱支撑着木架结构屋顶，祭司和主教的席位在中堂的尽头。圣坛的前面是祭坛，是举行仪式的地方，为了使它更开阔，在半圆形的圣坛与纵向的中堂之间安插一个横向的凯旋门式的空间。大教堂正立面高约32米，底层入口设有三扇大铜门，上有描写圣母和耶稣生平事迹的各种雕像。大门上方是几层连列券顶柱廊，以细长圆柱的精美拱券为标准，逐层堆积为长方形、梯形和三角形。教堂外墙是用红白相间的大理石砌成，色彩鲜艳夺目。

洗礼堂在以往附属于主建筑，但在此建筑群中则得以独立。洗礼堂平面呈圆形，直径39米，圆顶上立有施洗约翰的铜像，在入口处则和其他地区的教堂一样，有各种富有教诲意义的圣经故事。教堂有三个主要入口分别通向中殿及通廊，其上则为四层开放的游廊。中殿之上为藻井天花板所覆盖，两侧为双层的通廊，有圆拱相连于花岗石柱头。在中殿与翼殿交叉处是一个椭圆形之

圆顶，东端则是单一的环形殿。

教堂四周，绿草茵茵，配以洗礼堂的酱红色圆顶，空中地上，浑然天成。1987年4月，国际古迹遗产理事会提名意大利比萨城的奇迹广场为世界遗产。

比萨斜塔在建筑的过程中就已出现倾斜，原本是一个建筑败笔，却因祸得福成为世界建筑奇观，伽利略的自由落体试验更使其蜚声世界，成为世界著名旅游观光圣地，每天都吸引着成千上万的游客。对很多人来说，比萨斜塔已经不只是一个建筑，而是民智开化、绝不迷信的象征……

夜晚的奇迹广场灯火通明，所有的建筑都在灯光下散发出明艳靓丽的色彩。

文/王健超　图/gary718

『 圆顶清真寺 』

战火中岿然不动的金色信仰

每个人的心中都有自己的信仰，每个信仰都有属于自己的归宿。圆顶清真寺就是伊斯兰教徒信仰的归宿。

说起耶路撒冷和伊斯兰教，首先浮现在脑海里的就是那座金光闪闪的庙宇——圆顶清真寺。圆顶清真寺默默矗立在耶路撒冷的老城区，每当天破拂晓之际，第一缕阳光总会毫不吝啬地拥抱着清真寺那金色的圆顶，澄澈的金色光辉带着真主安拉的福祉慢慢散开，浸透到每一位穆斯林的心里。在阿拉伯人中，它被叫做萨赫莱清真寺，欧洲人则称它为奥马尔清真寺，然而不同的译名下却蕴含着同样的信仰。

在时间的长河里，圆顶清真寺几度沉浮，哪怕是战火的蹂躏，其信仰的光辉也从未熄灭，这其中的原因除了穆斯林牢固的信仰，也与先知穆罕默德有着莫大的关系。相传，圆顶清真寺是为了纪念穆罕默德"登霄"的神迹而修建的。在《古兰经》中记载着这样一个故事：有一天夜里，先知穆罕默德在麦加夜游，突然受到了安拉的启示，于是他骑着仙马"布拉格"和天使加百列一起，自麦加到达古都斯，也就是现在的耶路撒冷。从一块岩石上登上九霄，他们一起在七重天上遨游，见到了古代先知并聆听了真主的天启。在穆罕默德逝世后的公元687年，阿拉伯帝国第九任哈里发阿布杜勒•马里克发动耶路撒冷的大批穆斯林，在穆罕默德登霄的"登霄石"边修建一座八角清真寺，于是圆顶清真寺便应运而生了，而那块"登霄石"也成了镇寺之宝。从此，众多伊斯兰教徒就将圆顶清真寺作为除麦加大清真寺以外第二个终其一生都要去朝拜一次的目标。这座凝聚着信仰的清真寺，从此长存于万千穆斯林心中。然而和耶路撒冷一样，深埋在圆顶清真寺宿命里的，除了信仰的归宿，还有鲜血与战火的洗礼。

耶路撒冷意为"和平之城"，但是这座城市却从未和平过。从公元前11世纪开始，耶路撒冷就不断被战火笼罩，犹太人、古罗马人、波斯人、拜占庭人先后占据并统治着这座多灾多难的城市。犹太教、基督教、伊斯兰教三大宗教都将其当做自己宗教的圣城。公元11世纪末，在著名的十字军东征期间，圆顶清真寺被废弃。直到战争结束后80多年，圆顶清真寺才得到修复。漫漫千年之中，圆顶清真寺曾数次被改建，而1994年的那次改建则使清真寺扬名天下。

先知穆罕默德向来提倡"以敬畏为地基"，崇尚节俭，摈弃

圆顶清真寺位于耶路撒冷的老城区，这里是城市最古老的地方，见证着它的风风雨雨。

作为伊斯兰教的圣地，这里聚集着为数众多的穆斯林，他们虔诚地朝拜着清真寺，风雨无阻。

浮华，所以1000多年来，圆顶清真寺都保持着朴实无华的模样，接受着穆斯林的膜拜。直到1994年，当时的约旦国王侯赛因决定改建圆顶清真寺，在取得了广大穆斯林的同意之后，侯赛因卖掉

了他在英国的别墅，出资650万美元，为清真寺的铜质圆顶覆盖
上了重达24公斤的金箔，使清真寺多了一层华丽的金环，远远望
去金光耀眼、富丽堂皇。因着侯赛因此举，圆顶清真寺一跃成为
了伊斯兰教最华丽的清真寺。而侯赛因的两位妻子也被清真寺的
壮丽所折服，先后皈依了伊斯兰教。

　　圆顶清真寺耸立在耶路撒冷老城区，金色的光芒照耀上空，
耀眼夺目，在晴朗的天气里，即使是在很远的地方都能看到清真
寺的倩影。作为伊斯兰教的圣殿、耶路撒冷最著名的标志之一，
圆顶清真寺日日受着来自世界各地伊斯兰教徒的顶礼膜拜，前来
参观清真寺的游人也是络绎不绝，川流不息。无论何时，圆顶清
真寺都散发着与众不同的魅力。

　　圆顶清真寺的顶端建筑呈八角形，但是它并不对称，也没
有中轴线。高达53.95米，直径54.86米，每个角边长的外部都有
20.6米，内部也有19.2米。圆顶直径外部为23.77米，内部记载
为20.3米，圆顶高3.66米，是由真金金箔贴成。走近时能看见顶
上新月形标志大理石柱子，顶着半圆形弓架结构的门脊。圆顶清
真寺主体建筑由大理石砌建，壁上采用了马赛克彩瓷，贴成阿拉
伯图案装饰。各种精美的图案，蓝色、绿色以及大理石油铜色与
各种素雕相间，盘在整个清真寺腰间。墙的上方也用了马赛克瓷
砖装饰成的古兰经文字，记叙了这座清真寺与先知的渊源，处处

　　圆顶清真寺的窗户精雕细琢，每一扇里面都有一颗有着坚定信仰的
心。

远远看去，圆顶清真寺的金色圆顶在天幕下发出灿烂的光芒，让人不可逼视。

大圆顶的内部被壁画所覆盖，这些壁画色彩鲜明，洋溢着浓烈的伊斯兰气息。

都显示了建造者的独具匠心。

　　寺内部共计有4个门，分别是西门、北边的天堂门、南门和东边的链门，每一个门上都有各种各样巧夺天工的雕刻。在朝向麦加的方向还开凿有名为"米哈拉卜"的窑殿。教徒们能在这里朝着麦加遥遥礼拜。

　　清真寺内部有着宽敞而明亮的空间，还设有浴室和演讲台等，供教徒们聚礼所用。一些游客可能会奇怪寺内为什么会设置浴室和演讲台？那是因为伊斯兰教自古就有做礼拜前需要小净和大净的教规，所以浴室必不可少。演讲台则为德高望重的老圣徒向众人讲解教义所用。

圆顶清真寺内部的墙壁上刻有精细的图画以及素雕，彩画全是用华贵的涂料精心绘制而成。由于伊斯兰教禁止偶像崇拜，从不用动物或人的图文，全是花卉及几何图案还有美化的阿拉伯文字，使得圆顶清真寺庄严而又不失堂皇富丽。这一建筑特征表现了叙利亚、罗马和拜占庭的传统综合建筑风格，是建筑史上不可或缺、浓墨重彩的一笔。寺中那块淡蓝色的岩石，就是被伊斯兰教赋予神秘色彩，穆罕默德登天所踏的"登霄石"。它为圆顶清真寺内的镇寺之宝与价值所在，长17.7米、宽13.5米、高出地面1.2米，被恭敬的教徒们小心翼翼地用银、铜镶嵌的铜栏杆围着。岩石上有一个大凹坑，是先知穆罕默德在此处"登霄"留下的马蹄印。

穆罕默德归真前几个月，率10万伊斯兰教徒赴麦加朝觐，在阿拉法特山发表了著名的辞别演说，向伊斯兰教徒宣读了最后的启示："今天我已为你们成全了你们的宗教，我已完成我所赐给你们的恩典，我选择伊斯兰教做你们的宗教。"而圆顶清真寺的金光，则继承了先知穆罕默德的精神的光芒，让真主的福祉普照世间……

放眼望去，清真寺的金色圆顶耀眼迷人，它不仅是伊斯兰教的标志，也是耶路撒冷的标志。

文/余庆华　图/Sean Pavone

『 帕特农神庙 』

令全世界仰望的古希腊文明殿堂

全世界介绍希腊的图片，如果只有一幅，那一定是帕特农神庙；如果有一本书，那封面也必然是它。的确，帕特农神庙是古希腊文明的第一象征。

巴尔干半岛南端是古希腊文明的摇篮，早在公元前12世纪就已经有文字记载的历史了，而如今残存的帕特农神庙遗迹则是希腊精神的代表。帕特农神庙耸立在希腊首都雅典卫城的最高处，在城市的哪个地方都可以仰望。人们说，没有哪座城市能像雅典一样，抬抬头就可以看到一座2000多年的文明古迹。

帕特农神庙始建于公元前447年，是为雅典城邦守护神雅典娜而建的祭奠。雅典娜是希腊神话中的智慧女神，在罗马神话中称为密涅瓦。相传主神宙斯恐怕妻子墨提斯生下的孩子会比自己强大，便把墨提斯吞入腹中。吞下之后，宙斯顿觉头部剧痛，命令火神将脑袋劈开，全身穿戴铠甲的雅典娜便从中一跃而出。

相传在雅典建城之初还没有命名之时，智慧神雅典娜和海神波塞冬一起降临。他们争做这座新城的保护神，相持不下。后来宙斯前来做裁判，让二神发表"竞选演说"，声明谁能让这座城市繁荣强盛便可做城邦的保护神。海神说如果选他，他将力量和海运赐给人民，说完用三叉戟在山石上一插，一股咸水流出奔向

　　如今，看着风烛残年的神庙遗迹的时候，是否还能体会到当年修建者们的心情？神庙仿佛一根纽带，将时空两端的人们联系在了一起。

大海。雅典娜说如果选她，她愿献给人民和平和智慧，然后用长
矛一点，一棵枝繁叶茂的橄榄树破土而出。众神评判认为橄榄树
用处众多，可以使雅典人丰衣足食。结果，雅典娜凭借一棵橄榄
树获胜，成为雅典城邦的保护神。这座城市也以她的芳名命名为
"雅典"。据说，也是雅典娜把纺织、缝衣、油漆、雕刻、制作
陶器等技艺传授给人类的，或许是因为这个原因吧，雅典娜最受
希腊人尊崇。

在雅典卫城的残垣断壁中，帕特农神庙巍然屹立。这座长
方形的白色大理石建筑背西朝东，长约69.49米，宽约30.78米，
相当于半个足球场那么大。神庙耸立于3层台阶上，玉阶巨柱，
画栋镂檐，遍饰浮雕，蔚为壮观。庙宇周围环绕着46根高达10余
米大理石柱子，每根柱子都凿有凹槽。柱间92堵大理石砌成的墙
上，雕刻着栩栩如生的神像和奇珍异兽。整座建筑结构严谨，比
例协调，有"希腊国宝"之称，被公认为是古希腊建筑艺术的登
峰之作。

刚健雄壮的大理石柱子采用多立克柱式：每根柱子的外廓都
不是直的，下粗上细而且微微呈弧形。台基面也微微凸起，台基

夕阳下的帕特农神庙早已残破不堪，但其雄伟的气势至今没有泯
灭。

的四个边的中点都比两端高出几厘米，这种柱身与台基的处理使其避免僵硬，犹如富于生命的活的肌体。

神庙建筑上所有的雕塑分为3部分：东西两角人字墙上的雕像、饰带浮雕和回檐浮雕。其中，东面墙上的雕像描写的是雅典娜的诞生，西面墙上的雕像描绘的是雅典娜和海神波塞冬争做雅典保护神的故事。东面墙的雕像群中，有一组叫做"命运三女神"的雕像。三个命运女神姿态尤其生动，女性优美的躯体在薄而多褶的衣服衬托下，表现得极富生命力，就好像她们的腹部在衣服下蠕动，正在孕育着幼小的生命。看她们丰满的胸部、结实的大腿和斜卧的躯体，似乎都能看到血液在流动……

帕特农神庙外面的腰线上，镂着雅典娜节日的游行盛况：有欢快的青年，有美丽的少女，有拨琴的乐师，也有献祭的动物和主事的祭司。神庙内原来有座雅典娜的巨像，雕像高约12米。雅典娜站立着，长矛靠在肩上，盾牌放在身边，右手托着一个黄金和象牙雕的胜利之神；黄金制造的头盔、胸甲、袍服色泽华贵沉稳，象牙雕刻的脸孔、手脚、臂膀显出柔和的色调，宝石镶嵌的眼睛炯炯发亮……据说修建这座巨像共用了1000多公斤黄金，是一件不折不扣的价值连城的艺术瑰宝。然而，在希腊漫长多难的历史中，美丽的雅典娜不仅没有庇护住雅典城，自己也自身难保。公元5世纪时，东罗马帝国皇帝将它搬走，之后便下落不明，这成为世界艺术史上的一大憾事。如今，我们只能根据古罗马时代的小型仿制品来想象她的英姿。

让希腊人引以为荣、令世人魂牵梦萦的帕特农神庙，却几经天灾人祸，可谓历尽人间沧桑。早在公元前480年的波希战争中，就遭到波斯人的破坏；公元393年，罗马人占领希腊后，它又被改作基督教堂；土耳其统治时期，它又成了伊斯兰的寺院。公元1687年威尼斯军队炮轰城堡，引爆了土耳其人堆放在神庙里的炸药，火光冲天，帕特农神庙轰然倒塌，雅典娜女神香消玉殒……

有人说，当提起帕特农神庙就会让人想起中国的圆明园，两者的悲惨境遇极其相似。1801年，英国人詹姆斯·额尔金将帕特农神庙几乎洗劫一空，把所有能搬动和切割下来的宝藏全部带走了；1860年10月6日，詹姆斯·额尔金的儿子詹姆斯·布鲁斯指

　　在爱琴海的一角，日落将海面染成一片通红，这个景象维持了数千年，然而岸上的神庙早已物是人非。

挥英法联军，攻占了北京圆明园，掠走了无数珍宝，为了掩饰他们的罪行还把举世无双的"万园之园"放火烧毁。法国作家雨果曾在信中这样写道："在世界的某个角落，有一个世界奇迹。这个奇迹叫圆明园。艺术有两个来源，一是理想，理想产生欧洲艺术；一是幻想，幻想产生东方艺术。圆明园在幻想艺术中的地位，就如同帕特农神庙在理想艺术中的地位。"

　　帕特农神庙现在只留下一座石柱林立的外壳，但仍蔚为壮观。烈日下，直刺苍天的擎天石柱渗透着无法掩饰的威严与沧桑，散发着逼人的悲怆与苍凉；而到了夜晚，夜色下千疮百孔饱经沧桑的帕特农神庙，宛如换上了美丽衣裳般神采奕奕。如果把它搬上舞台，是不是该在冷色调的蓝光下，伴着贝多芬的《悲怆奏鸣曲》出场呢？或许只有这样，才足以表达它的悲怆与不屈。

　　人创造出来的神圣伟大，有时也会让人自身感觉到渺小。当漫步在雅典卫城山顶，立于帕特农神庙之下，让人不得不开始敬佩古人的伟大。轻轻触摸着粗糙坚硬的石柱，似乎能够感觉到每一块残石断壁的缝隙，都渗透着一种穿越千年不曾死去的生命韵律。大概，这就是希腊灵魂与精神的延续吧……

文/高春花　图/Dave Newman

图书在版编目(CIP)数据

在岁月的那一边：发现建筑 / 良卷文化著. —北京：北京大学出版社，2012.9

ISBN 978-7-301-19993-0

Ⅰ.①在… Ⅱ.①良… Ⅲ.①建筑物－世界－通俗读物 Ⅳ.①TU-091

中国版本图书馆 CIP 数据核字(2012)第200322号

书　　　名：在岁月的那一边：发现建筑
著作责任者：良卷文化　著
策 划 编 辑：莫　愚
责 任 编 辑：莫　愚
标 准 书 号：ISBN 978-7-301-19993-0/K·0887
出　版　者：北京大学出版社
地　　　址：北京市海淀区成府路 205 号　100871
网　　　址：http://www.pup.cn　http://www.pup6.cn
电　　　话：邮购部 62752015　发行部 62750672
　　　　　　编辑部 62750667　出版部 62754962
电 子 邮 箱：pup_6@163.com
印　刷　者：北京大学印刷厂
发　行　者：北京大学出版社
经　销　者：新华书店
　　　　　　880mm×1230mm　32开本　7.125印张　202千字
　　　　　　2012 年 9 月第 1 版　2012 年 9 月第 1 次印刷
定　　　价：38.00元